优雅的物理

〔氵

著

绘

译

Du merveilleux caché dans

Le quotidien

南海出版公司

目 录

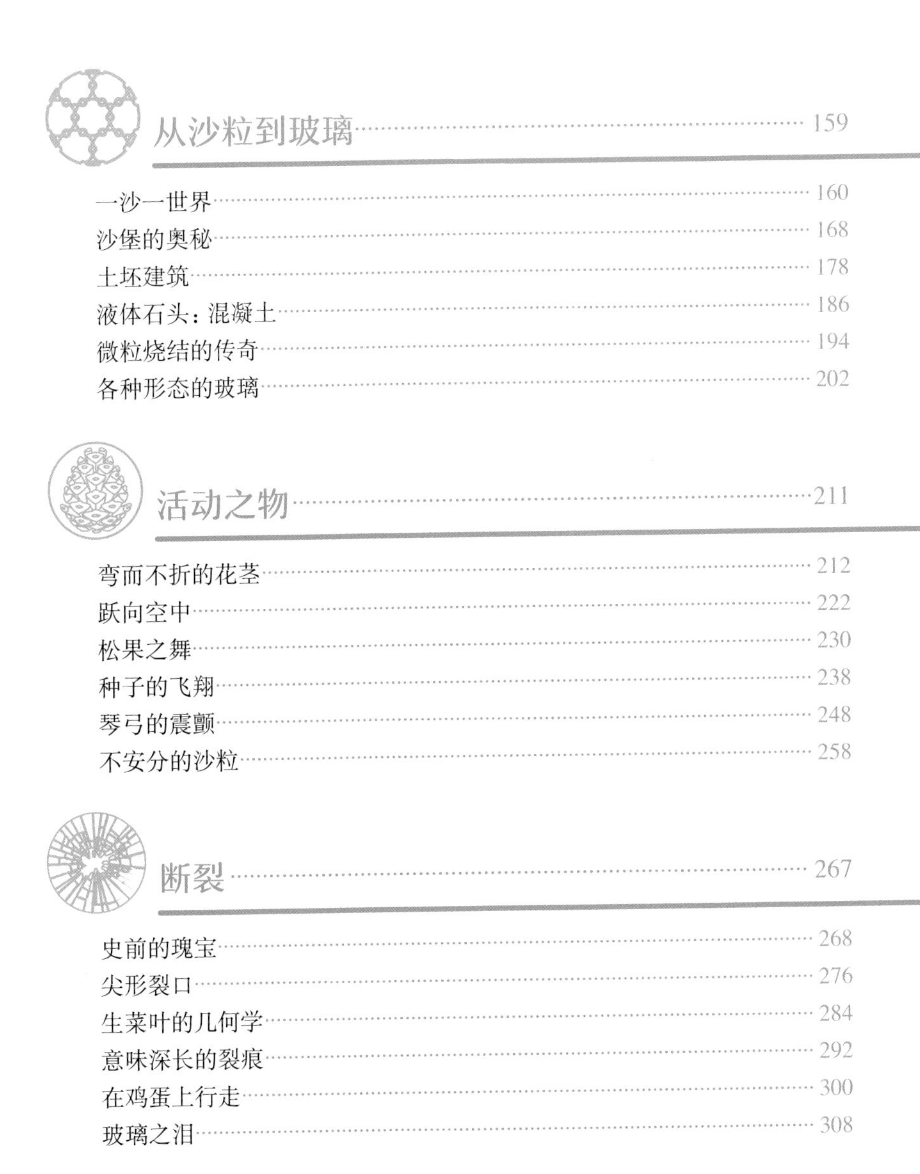

前言

你或许有过这种感觉：在日常生活中的事物背后，总藏有一种扣人心弦的美丽，比如埃菲尔铁塔的结构、陶器上的裂纹、鸟儿的巢穴、生菜叶的波状边缘，甚至是撑杆跳运动员跃入空中之前那根即将折断的长杆，它的极致曲度都蕴藏着美感。这种美看起来或源于自然法则，或来自人为制造，产生于某种深层的组织结构，我们可以察觉出它的作用，但并非总能理解它的内涵。

本书使用了大量插图来揭示这种美，以期帮助读者重新理解我们周围的世界。本书的作者是法国巴黎物理与化学工程高等学院的一组研究人员，他们的研究领域是材料物理学和机械物理学。

从阿泽勒丽多（Azay-le-Rideau）的屋顶到肥皂泡，从揉皱的纸团到草绳桥，本书中讨论的35个主题可能使人想起普雷维尔（Prévert）诗歌中杂乱无章的清单。当然，事实并非如此：这35个主题不仅涉及物体的形状、受力和作用，还有一个共同点，即物体外形呈现出的优雅，无论它们是天然的还是人工的产物。

物理学家们写的书竟然会强调优雅的理念，这一定让你大吃一惊。优雅这个词让人直接联想到高级定制服装——我们之后会在书中讲到——但优雅也是和谐，是精致，是适度。这也是优雅在诸多其他领域中都有意义的原因，比如数学家乐于谈论可以直接而简洁地算出预期结果的优雅论证："这么明显，还用找吗！"通过揭开藏在不同领域中的优雅，我们希望可以用全新的方式解释日常生活中的事物。现在你应该明白，我们的意图就是向大家提供一种视角，一种观察各式各样的物体的方式，这些物体小到帕斯卡（Pascal）和拉·封丹（La Fontaine）视为珍宝的蛆虫，大到整栋大厦。

需要说明的是本书的编写源于以“碎裂－流动”为主题的大型展览（后以“断裂”为主题在法国探索宫展出）。因此，作为科学节和其他科普活动的忠实参与者，我们坚持要在每章最后补充一个带图示的小实验。

这本书除编入了展出的内容，还涉及我们的好奇心促使我们开拓的疆域。每章源于不同领域从业者的碰撞，这些碰撞有时是不寻常或偶然的：打褶师、玻璃吹制工、木雕家、大提琴手……本书的丰富性很大程度上要归功于这些艺术家和工匠，以及从事研究工作的同僚们。

作为补充，我们在博客（http://blog.espci.fr/merveilleux）上发布了丰富的实验录像、相关链接以及参考书目，还包括我们的新发现。

诚邀你与我们一起探索藏在日常生活背后的奇妙！

伟大的建筑师

图中这个让人觉得不可思议的天然花边状物，长十多厘米，宽三厘米，名为“偕老同穴”。之所以这么命名，是因为它是甲壳类小动物的天然庇护所 。其网眼状的结构由螺旋状的纤维束构成，组成纤维的是二氧化硅晶粒。这些海底的无名生物拥有的层级结构，似乎足以挑战菲利波 · 布鲁内莱斯基（Filippo Brunelleschi）、古斯塔夫 · 埃菲尔（Gustave Eiffel）或弗雷 · 奥托（Frei Otto）这些建筑大师。

“小”的优雅

植物、动物和人类建筑都服从于这条无情的法则：体积越大，外形越肥硕。一个庞然大物怎么会优雅呢？

作为欧洲最伟大的教堂之一，佛罗伦萨圣母百花大教堂有种惊心动魄的美。它的交叉穹隆和圆顶一样呈现出简单又高耸的外形，让人们第一眼看到的时候，以为建造这座教堂非常容易。然而事实远非如此。从1300年开始，人们花了百余年的时间来设计这座教堂。在此期间，中央屋顶的设计一直悬而未决。如今远近闻名的穹顶得益于菲利波·布鲁内莱斯基（1377—1446），是他设计出了直径45米、震撼人心的圆顶。对于工程师们而言，建造这座教堂可谓是十足的挑战，光是建造穹顶本身就额外花费了40多年的时间。

1	佛罗伦萨大教堂：用超过140年的时间建造一个教堂，最终成功建造出一个直径45米的穹顶！

在当时，拱形结构一般要借助木拱架来建造，木拱架的外形决定了拱形结构的外形（见“优雅的石拱”，第 74 页）。不过这种方法仅适用于几米高的建筑物，对于教堂这样的巨物却是不切实际的。那怎么办呢？圆顶的最终成形要感谢这位天才艺术家和设计师布鲁内莱斯基的创造力：他设想了一种巧妙的自承重构造，由倾斜的砖块层层叠砌而成。为了完成建造，布鲁内莱斯基还设计了起重机和其他创新的施工机械，其中一些机械在莱昂纳多·达·芬奇的一些草稿中得到了呈现。

伽利略对地狱的兴趣

为什么建造宏伟的建筑物那么难呢？为了理解这个问题，让我们先绕个弯说说伽利略。人们更了解伽利略捍卫日心说的事迹，这是他和教会纠纷的起源，但关于他对现代科学大量且多样的贡献却知之甚少。他曾有过一个绝妙的想法：比较不同大小的物体，用以研究作用力的相对大小。他的一生都在研究这些命题，被判刑之后，他将成果写在了主要作品《关于两门新科学的对话》（以下简称《对话》）中。他在书中创造了材料力学这一学科。伽利略的思考萌芽于他在佛罗伦萨大学任职初期的研讨会上。他在论述中提及但丁著名诗篇《神曲·地狱篇》里地狱的几何形状。在诗中，地狱被描述为以耶路撒冷为中心挖出的锥形深渊，并覆盖有圆顶（地壳），伽利略探讨了圆顶的厚度。他设想，比佛罗伦萨大教堂穹顶大十万倍的地狱穹顶应该也比之厚十万倍。这是一个貌似无法反驳的比例性论证，他假设同样的外形可以确保同样的坚固性。

尺寸的问题

伽利略的这个论证显然是错误的，否则建造佛罗伦萨大教堂就和加高一个简单的小教堂一样，不该成问题。伽利略在暮年意识到了自己的错误，当时他被软禁在佛罗伦萨。他在《对话》中提出，如果人们按佛罗伦萨大教堂的比例换算地狱穹顶，它将完全不堪其重而坍塌。

伽利略终于领会，当某一物体的体积增大至十倍时，其重量可能增大至一千倍，但表面积只扩大到了一百倍，却要分摊增加的全部重量。建造宏伟的建筑，就是不断对抗随高度而增加的压力，即使人们已经想到扩大建筑物的底座，压力还是会随高度增加。因此，当人们想建造一座优雅而高耸的建筑时，最好选择适度的规模。“小即美”，这是自然的法则。

庞然大物的尺寸

若我们留心一些就会发现，动物世界提供了诸多受限于地球重力的例子。比如，鼩鼱的骨骼重量只占其体重的 5%，而与之外形相似的大象则占到了 20%（图 2）。伽利略也在他的论文中提出了这一发现：“（动物）身高的增加，只能通过使用更坚硬和坚固的材料，或通过扩大骨骼的尺寸，改变外形直至变成巨物。”

那些看起来强壮有力的大型动物，其实行动并不灵活：大象不能像羚羊一样跳跃，因为它的骨骼承受了太大的压力。同理，我们可以想象狗在背上驮一只同类，马却办不到。反之，蚂蚁可以举起比它自身重得多的物体，但这却算不上什么壮举。

那么海洋动物呢？如果某个生物潜在某种液体中，而该液体的密度与该生物自身的密度接近，则该生物不受重力限制。蓝鲸是迄今为止在地球上存在过的最大动物，虽然体形肥胖，但它们感觉不到自身的重量。仔细观察它的骨骼和它体积最小的表亲海豚的骨骼（图3），你会发现二者除了大小之外几乎没有区别。

植物世界也不例外。遵循伽利略阐述的规则，一棵树在生长过程中，树干加粗的速度应该比其长高的速度更快，而非一致。在幼苗时期，纤细的树干就足够了，然而长成参天大树的时候，它需要有更臃肿矮壮的外形以抵抗压力。实际上，太高挑的树会在其自身的重压下弯曲，就像我们夹

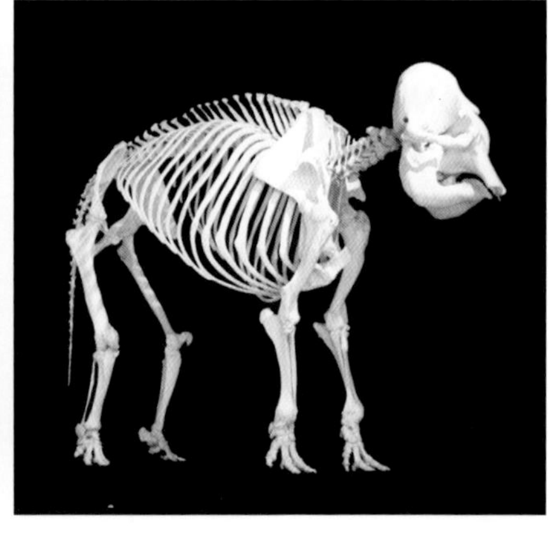

2

一只体长 10 厘米的老鼠的骨骼重量只占其体重的 5%，而一头几吨重的大象的骨骼则占其体重的 20%，这是地球上重力限制的体现。

在拇指和食指之间的一张弯折的扑克牌一样。力学专家们称其为**挫曲**（见“弯而不折的花茎”，第 212 页）。这些“简单的植物”怎么能自动适应重力作用呢？科学家们仍在努力破解其中的奥秘。

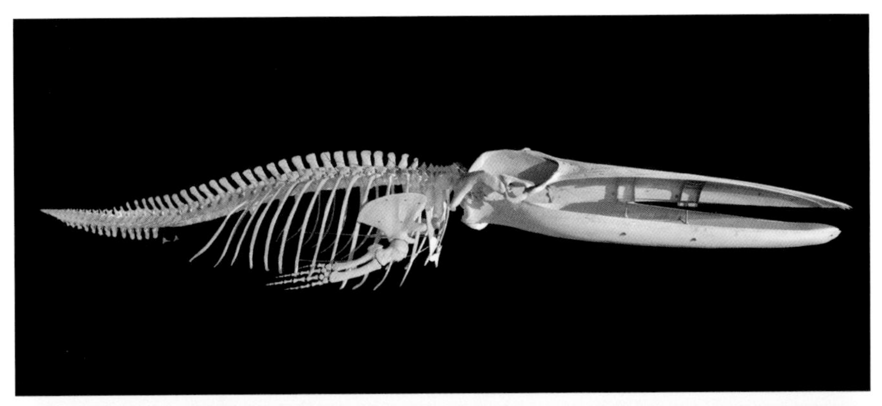

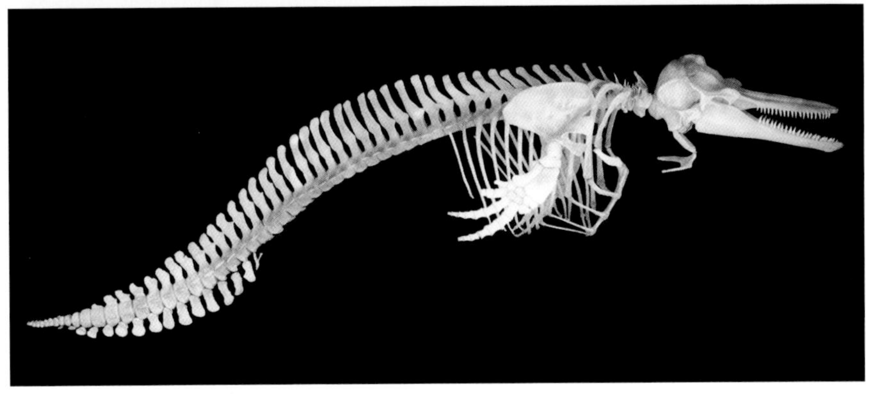

3 蓝鲸（上图）的体重是海豚（下图）的一千倍。然而，每个鲸目动物的骨骼重量占总体重的比例是一样的。

实验

将橡皮泥揉成长短不一的圆柱，保持每一根长度和直径的比例不变。哪些可以直立？图中，我们准备了直径 5 毫米和 1 厘米的两根橡皮泥圆柱，长度分别为 5 厘米和 10 厘米。这些橡皮泥圆柱外形相同，短圆柱的高度刚好是长圆柱高度的一半，而后者也比前者粗一倍。与短圆柱相反，长圆柱无法直立，在自身重量的压力下可怜地弯曲了。因此，我们的橡皮泥建筑只能达到十来厘米的高度，除非做成泥堆！

4 以同样比例制作的橡皮泥圆柱：长圆柱因不堪其重，摇摇欲坠。

材料
10 cm
1 cm
0,5 cm
5 cm

小矮个儿，你是不是不爱喝……
牛——奶——

阿泽勒丽多的屋顶

图中的阿泽勒丽多城堡，屋架结实而不乏美感。每根梁都有特定的力学功能，确保了整体屋架的稳固。

……我登上峰顶，第一次欣赏到阿泽古堡，这颗精雕细琢的钻石镶嵌在安德尔河上，下面衬托着雕花的桩基。

奥诺雷·德·巴尔扎克，《幽谷百合》

1

阿泽勒丽多的屋架设计超凡绝伦，斜梁即主椽（A）是依托系梁（E）和中柱（P）的整体结构来维持稳固性的。

A
P
E

参观阿泽勒丽多城堡，就是踏入文艺复兴的殿堂之一。这座城堡建于弗朗索瓦一世时期，矗立在小岛上，因其被安德尔河（Indre）环抱形成的华丽水衮而闻名，它的石雕外墙便倒映在这片水域上。但除此之外，它还是一件有待发现的建筑瑰宝。只需登上华美透光的主楼梯，来到屋架顶。在那里，工人们的杰作令人惊叹。这种结构给人一种既有力又轻盈之感——一种在古代粮仓中使用的优美结构。但这种结构的原理是什么呢？

从主椽到中柱

阿泽勒丽多的屋架完成于1522年，形似一座大教堂，铺有黑色板岩的屋顶坡度很大，保证了天花板的高度。屋顶的形状由斜梁确定，它们呈倒V字形汇合于屋脊处，支撑着屋顶。如果没有一根长12米的**横梁**连接着**主椽**的底端，它们可能会散架。横梁由一棵栎树的树干切削而成。这根承受拉力的梁也叫**系梁**，它的存在既避免了主椽形成的V形屋脊开裂，也避免了支撑屋顶的墙面承受太大的横向作用力。

这个结构最后一个重要的部件是**中柱**，一根将系梁的中部和脊檩连接起来的竖直杆。虽然看起来中柱承受了压力，但实际上并没有；相反，它的作用是把系梁悬挂在屋架上方。如果没有这种减压方式，长期负荷过重的水平系梁可能会因其自身的重量而折断。屋架的顶端也被辅助部件加固，这些部件主要用来限制主椽的断裂。

弯而不折

阿泽勒丽多屋顶使用的栎树是六百年前砍掉的。这些梁之所以如此坚固不易折断，是因为木材中的细胞是沿其形状定向排列的。即使在强力的作用下出现一个裂口，由于纤维之间互不相连，裂口不会扩大到其他部分。某种程度上说，木头和珍珠母采用的是同一种策略（见“贝壳与千层蛋糕”，第 82 页）。

作为横梁的选材，木头是理想的材料，相比起来，石头就明显没那么合适了。在石梁自身重量的作用下，我们可以看到它的中心向下弯曲，导致其下部承受张力（见“优雅的石拱”，第 74 页）。虽然石头如同混凝土一样能够轻松地承受柱子或金字塔的负荷，但它的抗拉能力非常差。采用石横梁，其下表面很快会出现裂痕，并且会灾难性地扩大。让石头出局吧！

折断的艺术

横梁变形的风险也是选择这种屋架外形的原因之一。但为什么风险如此大呢？看到这些粗壮的梁，我们会觉得它们承受自身重量应该毫无压力。阿泽勒丽多屋顶的建筑师当初设计图纸时，完全是基于经验。在阿泽勒丽多城堡建成一个世纪以后，伽利略于 1637 年在《对话》中也向自己提出了类似的问题，彼时他正在思考为何在膝盖上折断棍子比横向扯断棍子更容易（见“‘小’的优雅”，第 8 页）。他猜想问题的答案藏在简单的杠杆原理中（图 2）。实际上，力矩（即使杠杆发生转动的物理量）会随着杠杆力臂的增长而增大，在上述情况下，横梁可被视作杠杆。至于大小，我们可以用以下方法简单地计算出力矩的增大比率：即梁的长度与其厚度之比。这也是为何越长的物体越容易弯曲和折断。

2 伽利略的草图描绘了一根因承受不住压力而折断的横梁。E 处的力因杠杆力臂而放大，使得 AB 处的连接点承受很大的应力。

翻倒的船

有趣的是，阿泽勒丽多拱顶的形状让人联想到一艘翻倒的船。这并非偶然：它的建造原理与造船相同，屋架承受的重量相当于船身受到的水压。不过，屋顶基本上只承受它本身的重量，而船身受到的力则比屋顶所受之力复杂得多。比如船在海浪上摇晃时还要承受扭力，这会使水通过船身的缝隙进入船舱。直到 19 世纪，木船才通过增加斜梁来抵消这种扭力。你知道吗？在加来海峡的埃奎赫恩（Équihen）海滩上，那里的渔民曾用倒置的船身作为他们的住宅屋顶。因此，那片地区曾被称为“船底朝天的地方”。

3 埃奎赫恩人从古时就开始使用翻倒的船身作为他们居住的平房，直到今天。

实验

如何增强一页纸的抗弯强度？答案是：把它折叠成手风琴的样子！

一页纸因为很薄，所以柔软。把纸平放在两本书之间，纸就会立刻因其自身重量而弯曲①②。有一个小窍门可以大大增强它的抗压能力，甚至承受一个茶杯的重量：把它折叠成手风琴的样子。

不信你可以拿出一张 A4 纸，在纸上来回折出 1 厘米左右的褶子③④。这是为了加大它的视厚度：一页纸的厚度是 0.1 毫米，而按 1 厘米折叠之后纸的视厚度增大到 1 厘米，刚度上的增加是非常可观的，大约增加到了 5000 倍。这个巧妙方法既可以增强材料的承重能力，又使其保持轻盈。

看看你喜欢吃的饼干的外包装纸盒，你会注意到同样的起伏。在自然界中或在工程中存在诸多为了增加物体视厚度以达到抗弯效果的例子：中空的茎、现代建筑的工字型梁等等。然而，使用这种中空结构并非没有风险：相比于随着负荷增加而逐渐弯曲的实心茎，中空结构的茎有时会灾难性地一下子断裂（见“弯而不折的花茎”，第 212 页）……

材料
词典
词典

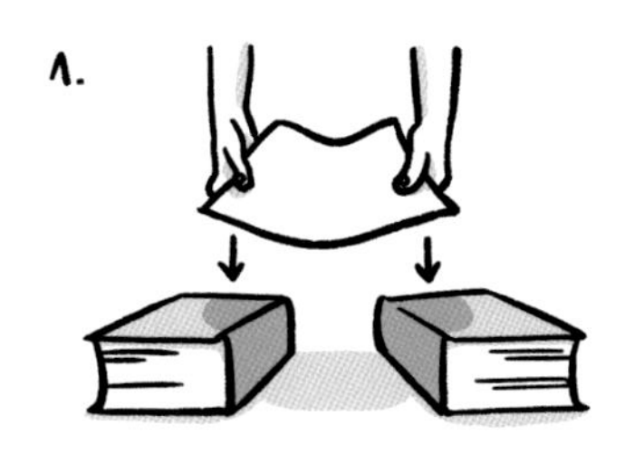
1.

2.
啪!

3.
折叠
折叠

4.

埃菲尔铁塔

埃菲尔铁塔不仅是法国首都的标志，也是金属材料建筑革命的中心。它的外形总能激起人们的好奇心，但谁又知道它是古斯塔夫·埃菲尔创新的技术成果呢？

千尺铁“架”

有什么比埃菲尔铁塔四条弯曲又细长的棱更具有标志性的呢？当时建造埃菲尔铁塔是为了在1889年的世界博览会上独占鳌头，设计之初的目标只有一个：建立一座超越千尺的高塔，体现工程师的果敢和工业革命的胜利。在埃菲尔铁塔被建造之前，人们对它的评论是“这个用铁梯做成的瘦高金字塔，这个庞大的、丑陋的骨架，它的基座看起来像是为了撑起一座巨大的独眼巨人纪念碑，但最后又以可笑而尖细的工厂烟囱般的形状草

1　多亏了天才的古斯塔夫·埃菲尔，这座“巨大的、丑陋的骨架”成了巴黎的象征。它迷人的结构旨在提供最强的抗风能力。

草收尾”（居伊·德·莫泊桑）。

古斯塔夫·埃菲尔的回应是，“铁塔有其自身的美”，抵抗外力的要求与“和谐之美的隐含要求相吻合”，以及“建筑美学的第一原则即，一座纪念物的基本线条应当完美地适应它的目的”。铁塔的最优外观设计，某种程度上由它需要抵抗的外力决定。它抽象的外形与巴黎古典的面貌形成鲜明对比，而它从建成至今展现出的种种性能，使它再也没有被任何人质疑。

战神广场上的风洞

是什么促使埃菲尔建造一个如此特别的外形呢？在使用金属作为建筑材料之前，建筑的高度是由其重量决定的。在卓绝的埃菲尔铁塔之前，最高的建筑物是1885年竣工的华盛顿方尖碑（169米）。建造方尖碑并非没有遇到困难，花岗岩的重量会引起地面沉陷，让施工复杂化，它仅比埃菲尔铁塔早几年完工，没比早它6个世纪的科隆大教堂（157米）高出多少。得益于铁，人们可以用更轻的重量建造更高的建筑，而且铁模型组件很容易拼接。埃菲尔铁塔高300多米，到达了传说中千尺[①]的高度，由18000件钢铁构件拼接而成，使用了2500万个铆钉。由于19世纪是全新的钢铁时代，铆钉作为辅助零件，虽不起眼却不可或缺，以至于人们称这段时期为“铆钉时代”。

然而，在这个高度上，风是建筑物的首要敌人。埃菲尔先前在此方面已有建筑经验，特别是建造康塔尔省（Cantal）加拉比特（Garabit）高架桥桥墩的经验。他一生都痴迷于研究空气动力学，还在铁塔上进行了自由

① 此处指法尺，1法尺≈32.5厘米。

2

在埃菲尔铁塔之前，加拉比特高架桥已经使用了上窄下宽的支柱。风的力量主要作用在桥面。桥墩上窄下宽的外形是为了确保每根梁都不会弯曲。

落体的实验，研究落体遭受的风力。

后来他发明了一种风洞——埃菲尔风洞，该风洞至今还在使用，起初于 1909 年安装在埃菲尔铁塔脚下，后来用于进行新兴航空学的实验。

外形与功能

埃菲尔铁塔的外形可以最大程度上与风对抗，是既定建材数量下能建造出的最大结构。我们知道为了保证细长（即高耸的）结构的坚固度，需要其承受的力作用于纵轴而非横轴。比如，要折断一块木头，你不能拉扯它的横轴，而应该将它放置在膝盖上向木块的两端施压。也就是说，你在利用垂直于其轴线方向的力，这种力要危险得多！

在石材的结构中，石材的自重是其最大的限制，而柱子或方尖碑的外形刚好能够最大程度地承担纵轴上的负荷，因此也是最适合高大建筑的外形。实际上，人们在诸多石塔中都能找到这种高耸的外形。

但风是横向吹的，需要运用另一种策略。为此，埃菲尔采用了一种特殊的外形，在某种意义上，铁塔的四条棱在每一层都起着飞扶壁的作用，底部向外张开。这个新造型与之前建造的所有塔都不一样，它不是笔直的，而是顶端逐渐变尖细。1884 年，埃菲尔与他的两名工程师还为此申请了专利，内容是“可以建造超过 300 米高度铁塔的新方法”。

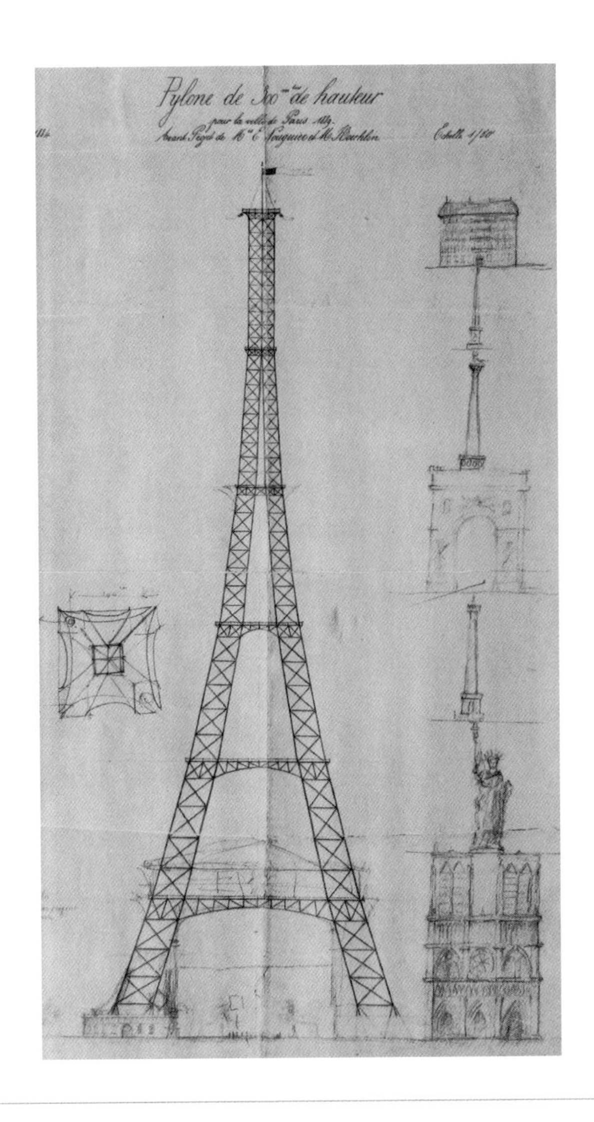

3

千尺“铁塔”的初步设计已经体现了拓宽铁塔中心空间的想法。我们可以看到图中右边叠放的历史建筑，诋毁埃菲尔的人认为，埃菲尔铁塔会使得这些建筑“都显得矮小”。也请注意从 1884 年 6 月画完这份草图到铁塔竣工，这中间连 5 年都不到。如今谁能做得比这更好?

实验

为了理解塔的外形，我们可以像埃菲尔一样，先理解之前建造的加拉比特高架桥的桥墩。这些桥墩要支撑受横向风力作用的桥面。同时，作用在桥墩上的风力也不容忽视，虽然它们的力量十分微弱。在下面的实验中我们会看到，三角形是帮助这些桥墩抵抗风力的最佳选择。

在卡纸上剪出一个矩形，用两条平行线将矩形平均分为三部分，作为桥墩。将纸板折叠合拢，用胶带固定它的三条棱①，我们会得到一个三角形物体，将它固定在桌子上——这是高架桥的桥墩。水平方向推三角的顶部来模仿风在桥面上的作用力②。你会发现它不容易弯曲（只要别太用力！）：施加的力被转化为对手指一侧的纸板的拉力和对另一侧的压力，而没有任何使其弯曲的力（见“阿泽勒丽多的屋顶”，第16页）！相反，如果你在侧面半高处施压，你会感觉到非常小的抵抗力，因为表面弯曲了：这说明，三角形不适用于埃菲尔铁塔这种整个结构都承受风的作用力的情况。

埃菲尔铁塔需要抵抗分散在整个塔身上的风力。如何避免弯曲力，建造出最佳形状呢？埃菲尔设计了四根内弯的棱，起到斜撑的作用。在铁塔的每一层，这四条棱都完全朝向作用在该层最上方的风的施力点，形成一个最优三角形。从顶部开始，铁塔的整个架构都在重复这个结构，就得到了我们现在看到的如此特别的向底部张开的优美形状。

卡纸
材料

1. 桥墩
~4cm

2. 风

内部平衡

想象永久地冻住几根长如花针的雨丝，使其如同悬挂在空中：艺术家肯尼斯·斯内尔森的塔似乎在挑战自然的法则。这样一个作品是如何实现的呢？通过紧绷的缆线，以及缆线的拉力与杆子的压力之间巧妙的平衡。

赫希洪（Hirshhorn）当代艺术博物馆坐落在白宫两步开外的地方，展馆本身就是一件艺术品，并配有一座漂亮的雕塑花园。在那里矗立着一座极妙的塔，高 30 米，由诸多看上去像是悬浮在空中的杆子构成。有几分像大型米卡多游戏棒被搭建成六角高塔，似乎要在下一个瞬间冲入云霄。

从内部看，这座“针塔”呈六芒星形状，不过设计师肯尼斯·斯内尔森（Kenneth Snelson，1927—2016）称其中并没有任何象征意味。总之，他自视为开创了独特建筑结构的艺术家，这种结构在 20 世纪前从未出现过。

1 肯尼斯·斯内尔森于 1968 年在华盛顿的一座雕塑花园中建造了针塔。这些只由缆线支撑的杆子是如何被悬挂在半空的呢？

这个力学成果是如何实现的呢？它的奥秘藏在将杆子一根根隔离开的纤细紧绷的缆线中。借助内在力量的巧妙平衡，这些缆线保证了雕塑的稳固性，使它既轻巧又优雅。

当人们在远处欣赏它的时候，这座令人惊叹的针塔和埃菲尔铁塔的外形有几分相似。但若将这两个建筑放到宇宙空间中，它们的相似之处便会立刻消失：与肯尼斯·斯内尔森的作品不同，在失去重力的情况下，古斯塔夫·埃菲尔的建筑不承受任何内应力。

2 澳大利亚布里斯班的库利尔帕（Kurilpa）大桥部分地应用了张拉整体结构，也就是通过紧绷缆绳连接杆子建造。这座桥是世界上最大的张拉整体结构建筑，有470米长。

相伴航空学而生

为了找寻这种结构的历史渊源，需要追溯到航空学兴起的初期，当时出现了连接机翼支柱与张线的想法，比如早期双翼机的机翼。

随后，当代建筑探索了这种张线和支柱连接的结构；但是诸如布里斯班的库利尔帕大桥（图 2）这种大型张拉整体结构建筑却十分少见。实际上，维持这种竖立的结构不太容易，如果它不能保持完全紧绷，可能会在风的作用力下变形。更常见的是根据类似原理搭建的临时建筑，它们小巧、轻便、可折叠。相比连接杆子的缆线，设计师们更偏爱紧致的拉膜（图 3）。这种结构利用的是绷紧的帆布，后文会说明它的受力情况（见“承受张力的表面”，第 40 页）。

张拉整体结构：一个新术语

美国建筑师理查德·巴克敏斯特·富勒（Richard Buckminster Fuller, 1895—1983）将这种复杂的平衡结构概括为“漂浮在张力海洋上的受压群岛”。巴克敏斯特·富勒的名字是和“张拉整体结构”这个新词联系在一起的，这个词是“张力或拉力让整体结构稳固”的省略表达。他最著名的作品是蒙特利尔生物圈，巴黎科学城的晶球就是以此为模型建造的。

第 38 页介绍了一款新玩具，由柔软的橡皮筋和各种颜色的木棍组成的儿童益智手抓球（skwish）。这款玩具体现了张拉整体结构的概念，尽管对于专家们来说，它并没涵盖每种平衡结构。事实上，这种平衡原理的应用存在已久。

坚固的自行车轮

虽然这种结构的不足之处让它在建筑上的使用范围受限，但历史表明，从史前时代开始，人们就设计了内部张力和压力相平衡的物体或建筑。辐条车轮即为一例，它产生于两千年前欧亚大陆的草原上，逐渐取代了封闭轮和钉子轮。

较厚的木辐条承受了轮缘的压力，由此确保了车轮的稳固性。而我们熟悉的自行车轮却是相反的原理：纤细而轻盈的辐条承受高张力（这就是众所周知的车轮辐条搬手的作用），这种张力让轮缘受力收缩。这种方法很大程度上要归功于法国发明家欧仁·迈尔（Eugène Meyer），他是改进自行车的先驱之一。

另一个力平衡的例子是阿韦龙省的米约（Millau）斜拉桥。**斜拉**一词的意思是利用紧绷的缆绳固定桅杆，抵抗帆船承受的风力。应用在架桥上时，指用于吊起桥面的拉索井然有序地排在索塔两侧，以达到水平分力的互相平衡。于是桥身达到了内在平衡，两端不需要借助粗壮的缆绳来固定。而旧金山金门大桥这种吊桥，则必须借助缆绳固定（见“大链条与小项链”，第66页）。

活生生的应用

如今，内应力平衡的原理也被用于描述一些生物结构。在植物世界中，靠近表面的部分承受张力，而中心受到压力。当你切开大黄的茎或在小红萝卜尖上划开一道口子时，你会看到它们的形状因内应力的缓和而自然改变。

脊椎动物一节一节的骨骼（这是为了确保整体的柔韧性）由肌肉群来

固定。这种微妙的相互作用力之间的抵消，主要是为了生物的活动性能：踮起脚的舞者实现了小腿受压力骨骼与受张力肌肉之间的巧妙平衡。这种原理使得骨架可以活动，而骨折的腿上打的石膏会阻止活动。

张拉整体结构也存在于更小的构造中，比如细胞组织。在真核细胞中，可以说构成细胞骨架的一部分是一种复杂的聚合纤维物，另一部分则是更坚硬的结构（如微管）。但需要认识到的是，这种简化的视角并不能完全说明自然构造中生化特征的多样性（比如渗透作用对细胞壁的压力）。

3 东京理科大学展出的折叠结构原型，总重量600千克，可以覆盖150平方米的土地。它由一块聚酯纤维布和许多坚硬的杆子组成，杆子四散嵌在布上的滑轨中，支撑整个结构。

实验

手抓球是一种启发智力的玩具，其中小哑铃形状的木头由橡皮筋支撑构成一种结构，这些橡皮筋可以允许结构变形而不松散。制作一个手抓球可以欣赏压力与张力之间微妙的平衡。

准备 6 根两端有裂缝的木棍（比如冰棍棒）和 6 条与之一样长的橡皮筋（当然，它们的尺寸可大可小）。

先将橡皮筋卡在每根木棍两端的裂缝中将其圈住，再在两根平行木棍的橡皮筋中间位置插入另两根平行的木棍，形成 H 形①。将剩下的两根木棍（第三对）插入最初那对木棍的橡皮筋中部②。

最后就有点棘手了（或许四只手一起上能搞定！）：需要把剩下的橡皮筋中间插到相应的两个裂缝中。再坚持一下，你就能成功做出一个漂亮的正二十面体了。

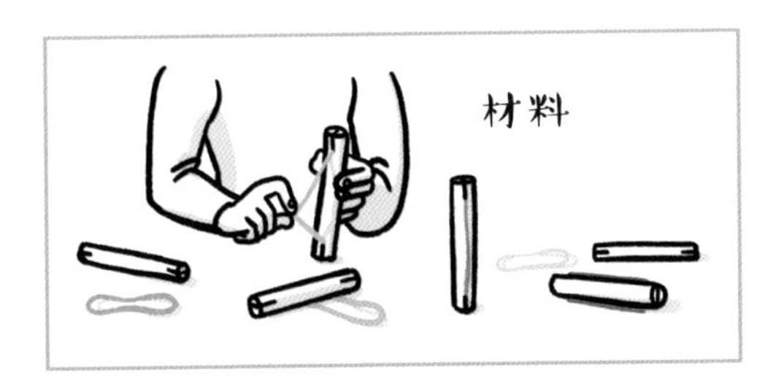

1.H形、

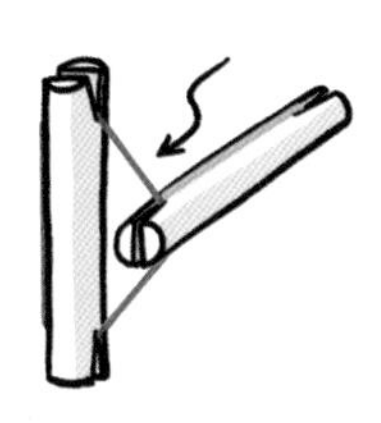

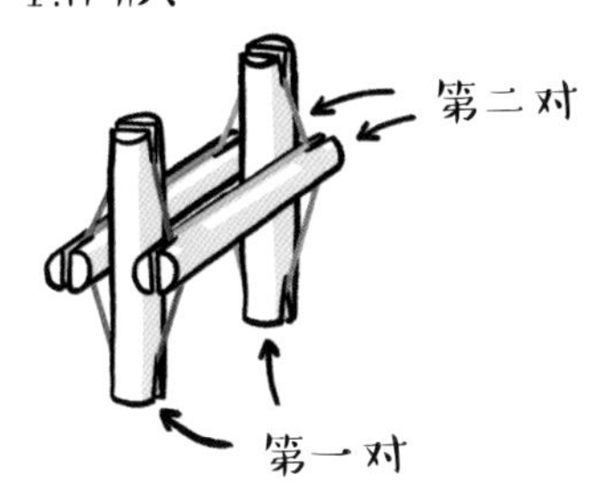

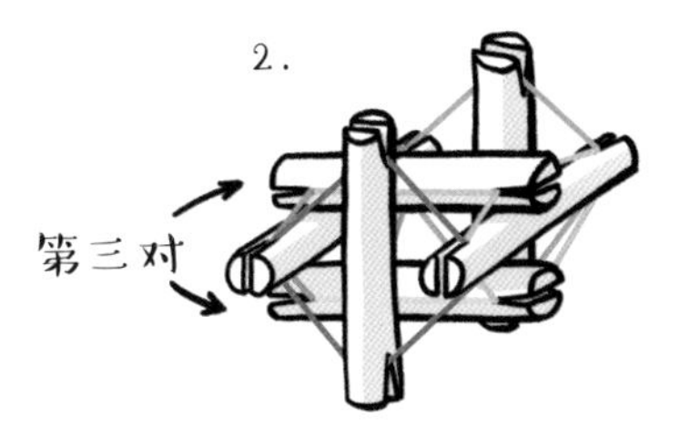

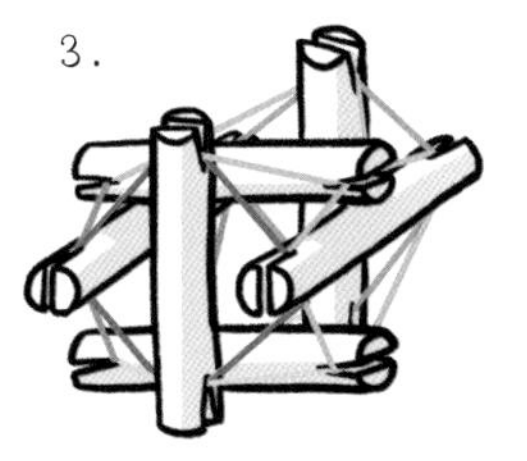

承受张力的表面

慕尼黑奥林匹克体育场是轻型拉膜结构在建筑上的成功应用。令人吃惊的是，建筑师弗雷·奥托的灵感居然来源于覆在铁丝圈上的肥皂泡！

你仔细观察过最新的露营帐篷吗？我们知道游牧民族普遍使用绷在架子或中柱上的兽皮或布作为住所，节省重量，以适应他们频繁迁移的节奏。但帐篷发展至今已经成为一种科技产品，甚至可以自动展开！与老式“支架帐篷”不同，新型帐篷的结构是由受力弯曲的支撑杆构成的，形成了仿若爱斯基摩雪屋的外形。这些固定在帐篷帆布上的支撑杆回弹产生的张力展平了布料。

1 慕尼黑奥林匹克体育场的建筑让人们联想到巨大的肥皂泡覆在凹凸不平的铁架上。

肥皂泡的启示

布料表面自然的形状美并没有逃过建筑师的眼睛，他们从中受到启发，设想并建造了规模巨大的永久性建筑。最著名的例子就是建筑师弗雷·奥托（1925—2015）在20世纪70年代初设计的慕尼黑奥林匹克体育场。体育场上空，由立柱牵拉的钢缆铺展开来，其上覆有玻璃面板。这些玻璃面板组成了一个连续覆盖的巨大屋顶，如同帐篷拉紧的帆布。

这种相似并非偶然。事实上，为了设计体育场，奥托借鉴了一种特别的表面：肥皂泡。他在装有肥皂水的浴缸里浸入了一个适合其建筑工程外形的铁丝圈，并花了很长时间分析覆在铁丝上的肥皂泡的几何学。

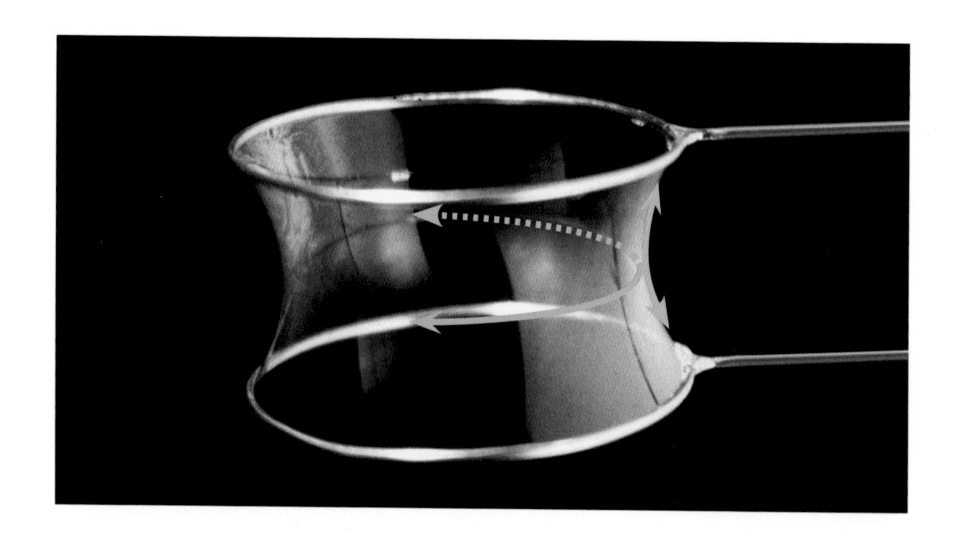

2 两环之间紧绷的肥皂泡表面被称为悬链面，在任意一点，表面上的两个曲率数值相等且方向相反。

3 人们常用悬空细丝圈上的肥皂泡作为弗雷 · 奥托建筑的模型，比如优美的科隆鸽子喷泉（Tanzbrunnen de Cologne）。

肥皂泡类似于绷紧的布，作用于肥皂泡表面的毛细力可看成是铁丝产生的拉力。得益于肥皂泡研究，弗雷 · 奥托在 1974 年于斯图加特设立了轻型结构研究所。和高迪为圣家族大教堂设计悬链线拱顶一样（见“大链条与小项链”，第 66 页），奥托也是从自然现象中汲取灵感的。

紧绷的布料和肥皂泡展现了同样的外形特征：不论在哪一点，它们在垂直方向上都是既向上弯曲又向下弯曲，类似山坳地形。这种形状被称为**马鞍形**。为什么紧绷的表面到处都呈现出马鞍形？其实马鞍的几何形状十分特别（图 2）：我们可以从中找到一些向上弯曲的线（沿脊线向上直至马鞍的前后两端），和另一些向下弯曲的线（横跨马鞍的弧线）。现在设想这些线是紧绷布料的张力线，你会意识到向上弯曲的曲线把表面拉向高处，反之，向下弯曲的曲线将表面拉向低处。因此，弯曲的受张力的表面受制于一种微妙的平衡，这种微妙的平衡只可能由马鞍形实现。

极小数学与极小几何

我们可以更进一步地计算出马鞍准确的外形吗？如果是肥皂泡，则可以计算，因为它是理想状态。我们可以证明，这样一个皂液膜的形状是铁丝圈上表面积最小的表面。

物理学家、天文学家、数学家约瑟夫－路易斯·拉格朗日（Joseph-Louis Lagrange，1736—1813）是试图说明已知形状上最小表面积的第一人。他证明了这样的表面平均曲率为零，也就是说任意一点在某方向上的曲率都会被另一个方向上的曲率抵消。然而，拉格朗日只论证了最简单的形状——平面。数学家们从此醉心于他们称作“极小”的曲面，找到了越来越复杂的新形状。如今，他们可以借助电脑来展现他们的创作（图 4）。

4 迈克尔·福斯特（Michael Foster）的作品《内翻》（*Inversion*）呈现了一个极小曲面：它将一个竖立的圆环与一个松开的三叶草结联结了起来。这个黑色的边界线由唯一一条线构成，绕成了三个环。

实验

把一根铁丝围成圈并留下一段可以用于手持的铁丝杆。将铁丝圈浸在盛有肥皂水的杯子中①。由此得到覆在铁丝圈上紧绷的平面皂液膜，因为表面张力会使表面积尽可能地缩小（左）。

为了证明肥皂泡和布的受力反应一样，轻轻在上面吹气：可以看到皂液膜表面因受到空气的压力而弯曲，就如风让一块紧绷的布鼓起来一样。现在，拧弯铁丝圈，这样就得到了马鞍形的皂液膜（右），这是在铁丝圈上形成的极小曲面。改变铁丝圈的形状可以获得许多极小曲面。

让这个游戏复杂一些吧：用铁丝做两个平行的环，两个环用铁丝相连（中间）。把这个铁丝架放到肥皂水中，我们会得到一个开放的肥皂泡管。而且令人惊讶的是，肥皂泡管并不是一个圆柱体。皂液膜的形状就像一只黄蜂，中部收缩。数学家给这个形状命名为**悬链面**（图 2）。

既然我们已经将肥皂泡和受张力的布联系在一起，为什么不用一只丝袜重现一个类似悬链面的形状呢？只需在袜子里高低不同的两处放置两个气球，气球的直径要大于丝袜的自然直径②。如果你拉扯袜子的两端，原本呈圆柱形的丝袜便会呈现出马鞍形的双重弧线，就和两个铁环之间的肥皂泡一样。

材料

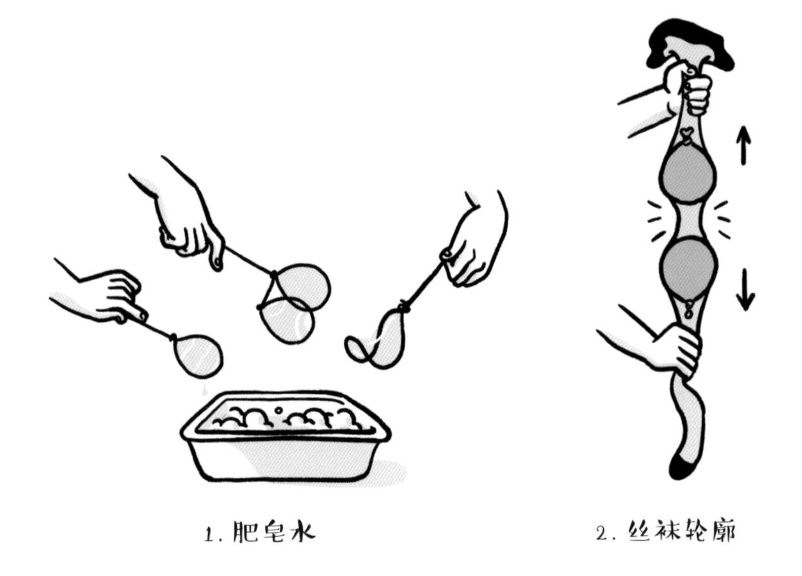
1. 肥皂水
2. 丝袜轮廓

帕斯卡尔·伍德（Pascal Oudet），《树木年轮学：马耶》，2015

塑造形状

栎树是坚固的象征，却也有柔软的一面。如果将栎树锯成厚度 1 毫米的薄片并晒干，就会出现令人吃惊的转变：每一片中心会凹陷，边缘则会弯曲成起伏的波浪形，就像巨大的薯片。为什么会产生这种形状？因为失去水分后，木材会收缩，而沿着年轮的方向收缩力度更大，年轮的周长会缩小。在这种情况下厚木块会开裂，薄木片则随着水分的流失而变形。广义来说，自然或人为构造的成形或变形说明了构成它们形状的力场。肥皂泡呈球状，珍珠项链则呈优美的弧形，都是力场作用的结果。

脆弱的肥皂泡

肥皂泡不仅让孩子们惊奇，也是成年人感叹的对象。它的外形产生于施加在它表面的张力。

法国物理学家皮埃尔－吉勒·德热纳（Pierre-Gilles de Gennes，1932—2007）在于斯德哥尔摩举行的诺贝尔奖颁奖典礼上，用投影展示了 18 世纪风俗画大家之一让－西梅翁·夏尔丹（Jean-Siméon Chardin）的画《吹肥皂泡的少年》，用“水泡、气泡和其他易碎的事物”结束了他的报告。他调皮地在画上添上了如下四行诗，把虚伪的荣誉比作易碎的肥皂泡……这可是对一群获奖者的挑衅！

让我们在地上和浪头嬉闹，
那些出名的人多煎熬！

1 《吹肥皂泡的少年》（1734），让－西梅翁·夏尔丹。

世上的财富、名誉、虚假的荣耀，

都不过是肥皂泡。

在皮埃尔－吉勒·德热纳一生中涉及的不胜枚举的课题中，他选择把获奖感言献给肥皂泡的物理特性。油画背景中的好奇少年，被充满悬念的肥皂泡惊呆了：肥皂泡会破裂，水珠四溅吗？还是会从空中掉落，走过一段短暂的旅程？“易碎事物”中有种不可辩驳的魔力。说到底，为什么肥皂泡是圆的？

肥皂泡、水滴和彩虹

肥皂泡表面承受的力可以解释其球状的外形。从几何学角度看，这种力要求肥皂泡形成一个能容纳人们吹进去的空气且表面积最小的形状。而球体正是满足了这一要求。同样的道理，悬浮在空中的水滴也是球形的。你知道吗？这些水滴的形状稍有偏差，雨后的天空中就不会出现彩虹了。彩虹实际上产生于每滴水珠的多次折射，而这一过程很大程度上依赖于水滴是精确的球体。

肥皂泡遇到障碍就无法再保持球形轮廓。它会变成半球形，在垂直方向上与相遇表面衔接。相反，根据物理化学理论中液体对表面的亲和性大小，水滴在平面上或多或少会铺开，维持一种像帽子一样的拱形。

2

对物理学家而言，肥皂泡上形成的旋涡等同于迷你版的大气气旋。以地球半径的规模看，大气层也是薄薄的一层膜。旋涡的颜色来源于皂液膜中光的干涉，它们呈现了皂液膜不同的厚度（见右图）。

空气中的张力

说回肥皂泡！让我们一起关注它的产生、发展以及最后的形态。想象你将一滴小水珠连接在一根麦管的底端，就像玻璃吹制工将融化的玻璃滴置于中空的吹管底端（见“各种形态的玻璃”，第 202 页）。持续吹气，让正在成形的气泡膨胀起来。一开始，气泡的半径小，因此表面的曲率大（曲率与半径成反比），此时气泡内的超压很高。数学家皮埃尔－西蒙·德·拉普拉斯（Pierre-Simon de Laplace）更明确地告诉我们，这种超压与气泡的曲率成正比，也和空气与液体的分界面所特有的一个物理数值成正比，这个数值即**表面张力**。

表面张力可以解释增加肥皂泡表面需要付出的代价。在某种程度上，它和吹起的气球所形成的弹力是一个作用。你肯定有这种经验：吹气球的时候，最开始的那几下是最费力的。我们湿头发之间的粘连（见“湿漉漉

的头发”，第 100 页）或者沙堡中沙粒的内聚力也是表面张力在起作用（见“沙堡的奥秘”，第 168 页）。

刺穿肥皂泡

肥皂泡的脆弱是相对的。皂液膜的厚度受限于相连的肥皂分子形成的两层极薄的、连续的膜壁。皂液膜非常薄，从几微米到最薄的几纳米不等。虽然很薄，但它却非常坚固。一根蘸有肥皂水的针甚至可以刺穿它却不戳破它！

皂液膜的厚度和光波的波长差不多，鲜艳华丽的彩虹色是因为不同厚度的皂液膜反射的光相互干涉。颜色的变化向我们揭示了厚度的变化，比如随着皂液流动而产生的变化（图 2）。因此，简单的色彩变化就能描绘出穿过肥皂泡但没有戳破它的物体移动产生的痕迹。

在肥皂泡下方放一块稍稍加热的板子，就可以制造出真正的微型龙卷风。底部的液体受热后会产生像热气球一样腾飞的趋势。相反，顶部的液体是冷的，在其重量作用下有向下运动的趋势。这种反向的流动形成了奇妙的旋风。

如果你足够耐心，可以观察到在不通风的地方，一个竖立扁平的肥皂泡上会有彩色条纹不断地流动。这些连续的条纹见证了皂液膜随着水分减少而变薄。最后，你甚至会看到一片极薄的区域，连光都无法反射。牛顿称这层只有几纳米的水膜为**“黑膜”**，这让人联想到黑洞。不过事实并非如此：这层看不见的黑膜虽然薄到只剩两层紧贴在一起的膜壁，但它始终存在。如果将手指穿过这个假的黑洞，肥皂泡立刻就破了。

在一片水雾中消亡

如今，图像技术的迅速发展推动了对肥皂泡破裂动力学的研究（图3）。在慢镜头中看，肥皂泡的破灭所持续的那千分之几秒拥有异乎寻常的绚丽和不可言喻的美，向我们揭示了机械物理学的原理。破裂开始于裂口，然后迅速扩展到整个肥皂泡。在此过程中，已破裂的部分形成了一片水雾，而还未破裂的部分依然维持着球体的形状……

3 被戳破的肥皂泡在表面张力的作用下收缩，形成了一条条液体纤维，继而又迅速瓦解成微小的水滴。

实验

制作一张平面皂液膜很简单：拿两根塑料棒或细木棍，用棉线将两根棍的两端相连。将这个框架放到盛有肥皂水的盆中，注意让细棍和棉线都浸湿，而且两根棍子在肥皂水中要贴近①。然后将框架从肥皂水中取出②，小心地展开细棍③，你便得到了一张皂液膜。你可以像使用球拍一样，用它打肥皂泡玩儿！

玩过肥皂泡乒乓之后，把皂液膜竖起来，你应该能看到在光的干涉作用下产生的五彩缤纷的图像（如下图），这是因为受重力作用，皂液膜会逐渐变薄。

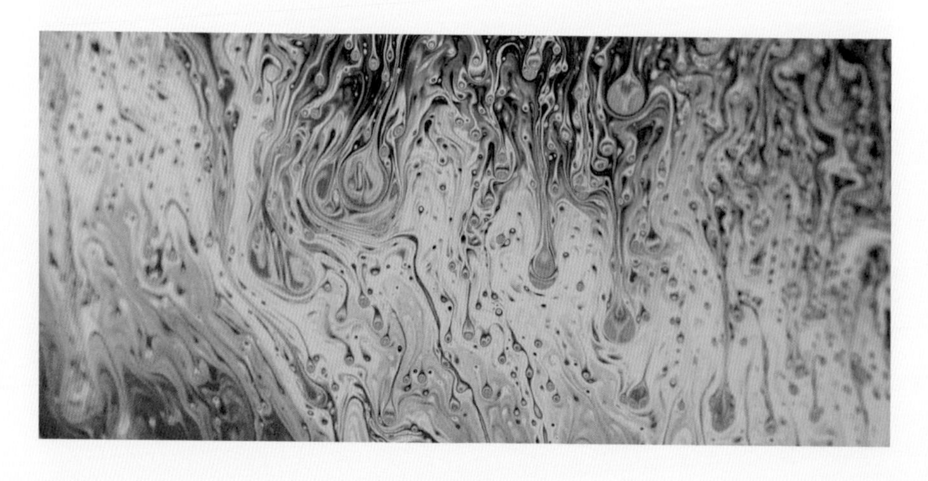

肥皂泡乒乓

泡沫的悲剧

丛林法则也适用于泡沫：大气泡会吞食掉小气泡。这是一场毫无意义的生存之战，因为所有的气泡终将不可避免地走向破裂的结局……

如果你曾花时间观察过香槟杯中气泡的舞蹈，你可能会注意到它们产生于玻璃内壁有瑕疵或杂质的地方，一个接一个鱼贯向上升腾，直至酒液表面。这一切的始作俑者是谁？就是酵母发酵产生的二氧化碳。正是这些佳酿中存在的酵母吹起了这群奇怪的热气球。一旦到达液面，一些气泡立刻破裂，发出熟悉的“嘶嘶”声，香气扑鼻；另一些气泡则更坚固，聚集在一起形成优雅的泡沫层，彰显着香槟的品质。

1　气泡上升至香槟表面，聚集成嘶嘶作响的泡沫，为品酒平添乐趣。酒的物理特性（比如气泡的破裂和相应的声响）也是一项十分有趣的研究课题——显然，做这种研究应该去兰斯大学[①]！

① 兰斯是法国东北部城市，是世界著名的香槟产地。

我们能从泡沫中明白什么呢？物理学家称气泡聚集在一起但尚未联结的状态为**湿**泡沫。一段时间后，气泡中的水在重力的作用下流失，气泡壁与气泡壁结合，形成了**干**泡沫。干泡沫这个词很有误导性，因为它们的气泡壁毕竟是液体膜，尽管厚度只有千分之一毫米！

和皂液膜一样（见“脆弱的肥皂泡”，第50页），气泡薄薄的水膜像三明治夹心一样固定在两层**表面活性**分子组成的极薄的膜片中。所谓表面活性分子是指一种纳米尺寸（即膜片的厚度）的分子，它的一端“亲”水，而另一端“亲”气。当然了，酒液上覆盖的微型泡沫浴是不含肥皂的。其他分子，比如酒中自然产生的蛋白或多糖，可以起到和肥皂膜层一样的减缓水膜变薄的稳定作用。

几何堆叠

让我们更近距离地观察这些液体膜。和独立的球状肥皂泡不同，泡沫中的气泡壁是由多个平面组成的。为了验证这一点，只需观察两个尺寸相似、联结在一起的肥皂泡：它们的接触面几乎是平面。为什么呢？因为肥皂泡的曲率产生于内部压力（超压状态）与外部压力的差异；对于两个直径一样的相连肥皂泡，接触面两边受到的压力相似，因此形成的几乎是平面。

于是，干泡沫展现了大小不同的多面体的堆叠，这些多面体以棱为界，棱上流动着多余的水分。如果我们在浓密的干泡沫上方滴一滴染色剂，颜料就会随多面体气泡的棱向下蔓延，人们称之为**普拉托边界**（图2）。

这个名称是为纪念比利时物理学家约瑟夫·普拉托（Joseph Plateau，1801—1883），他曾面对日光研究视觉暂留，导致双目失明。但这并没有

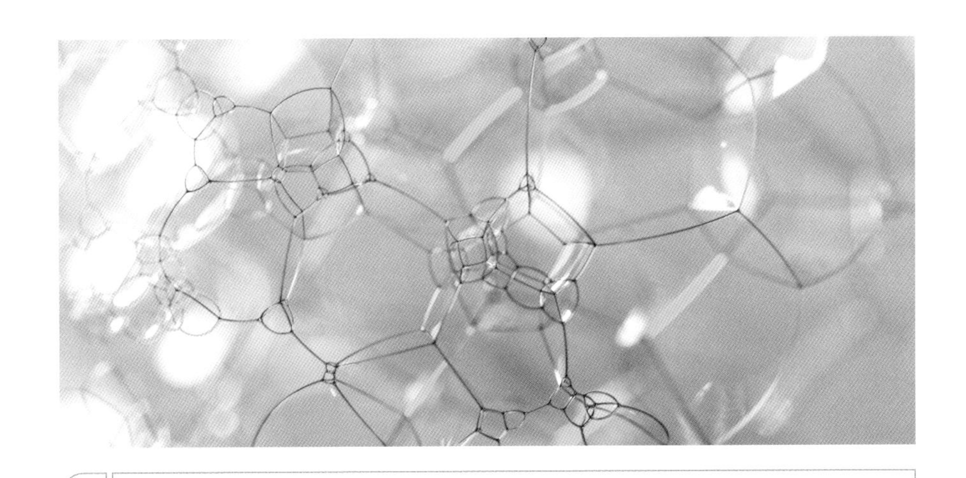

2 气泡之间的边界构成了液体网络。可以通过染色的肥皂水看到其错综复杂的结构。相交的四条棱在空间中彼此形成的交角是相等的。

阻碍他研究的脚步，他借助儿子的双眼，建立了泡沫结构的几何定律。

泡沫虽然看起来杂乱无章，但其结构中是存在规律的。比如，让我们盯住四个多面体气泡相汇的那一点：我们会看到相交于此的四条棱按照正四面体的四个方向排列（想象从正四面体的四个顶点发射出四条线，在四面体的中心汇合）。每条棱连接三个面，两两之间形成 120 度角。这个几何规律是表面张力造成的结果，在气泡体积一定的条件下，表面张力会使气泡之间的接触面积最小。

这种特殊的棱结构也是干泡沫富有弹性的原因。轻轻施力于剃须泡沫上，你会注意到，当力量松懈，泡沫又恢复原状。然而如果变形的程度够大，棱和水膜重新组织，形成一种新的多面体网络结构，一些原有表面消失，另一些新表面出现，这种变化是不可逆的。这样的**可塑性**部分地解释了泡沫的缓冲性及其触感，还有巧克力慕斯的滑腻口感。

最优结构

为了更完整地了解这个结构，让我们明确泡沫形成的基础，即，构成泡沫的是什么样的多面体。开尔文勋爵（Lord Kelvin，1824—1907）是定义泡沫结构的先驱，他认为在气泡形状和大小一样的情况下，某种堆叠方式可以让肥皂泡的表面积最小。爱尔兰物理学家丹尼斯·威尔（Denis Weaire）和罗伯特·费兰（Robert Phelan）近年来发现了一种更节约表面积的方法。他们提出了一种结果，由两种体积相同、形状不同的多面体堆叠而成，这是迄今人们能想到的最优方法。此模型因启发了 2008 年北京奥运会国家游泳中心的建筑师而大获成功（图 3）。

如果近距离观察，我们会发现，多面体的面实际上是轻微弯曲的。这种曲度说明两个气泡因大小不同而产生了细微压力差。这并非无关紧要，它最终对于泡沫中的每一个气泡都起到了致命的影响。因为空气可以透过水膜，一个凸起小气泡中的压力如果大于其相邻的气泡中的压力，它体内的气体就会逐渐渗出。慢慢地，中等大小的气泡增大，而数量减少。最终，泡沫中的气泡会合并成一个大气泡，以壮丽的爆炸收尾。

3

为 2008 年北京奥运会建设的游泳池场馆被称为水立方，它的外表无疑会激起人们的好奇心。它的表面铺满了气枕，模拟出最优结构的泡沫。

实验

泡沫的三维几何体并不好体现。因此让我们仅呈现“平面”泡沫。找一个又大又平的器皿，注水至与器皿边缘齐平，加入一滴肥皂液，然后用吸管小心地吹气。由此你便得到了一层气泡。用一个透明盖子将器皿盖上，让气泡的高度可以触及盖子（如有需要可以调整水量）。此时你会看到很多多边形铺在盖子下，它们大多是六边形。

多面体之间的接触点构成了顶角 120 度的三条棱。这种规律性反映了由表面张力造成的力平衡：为减小水膜的表面积（此处表面积与棱长成正比），表面张力以相同的力量分别向平面上的三个不同方向拉扯气泡。

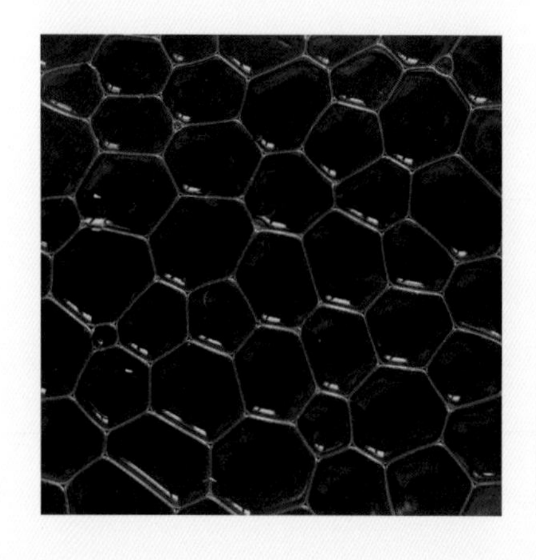

4 两层贴近的平行玻璃之间的平面泡沫层。虽然这些多边形看起来大小不同，边数也不同，但它们总是三边相汇，每两边呈 120 度夹角。这个规律可以由三边（实际是三个面）所受的均衡的张力来解释。

材料

1.
呼
2.
3.

大链条与小项链

珍珠项链和吊桥之间的联系是什么呢？它们的外形具有一致的数学属性。

一串珍珠突出了颈部的优美，但也突出了数学的普遍性。事实上，所有女性脖子上的项链都贴合了同一个数学形状；当然，如果这些珍珠排列不规律，形状会变化，但仍会保持大体的外形。这个普遍的几何形状——**悬链线**，如果没有在铁路、缆车索道以及吊桥的链式悬吊中使用，可能不会被人们注意到。

1　一条均匀的珍珠项链具有规律的外形，被数学家们称为“悬链线”。

英国物理学家罗伯特·胡克（Robert Hooke，1635—1703）是艾萨克·牛顿的同时代人，他是试图在数学上定义项链形状，或者说两点之间悬吊的金属链条形状的先驱之一。胡克是天才发明家。图 2 这幅画展现了他在位于牛津的工作室中，手持著名的悬链线的画面，画中出现了他的诸多发明，尤其是背景上的初级显微镜。这个仪器帮助胡克第一次识别了植物细胞。另外，正是他命名了细胞，因为细胞很像修道士的小房间[①]。

胡克兴趣广泛，他还是固体力学的先锋人，并提出了弹性的基本定律——胡克定律。在伦敦圣保罗大教堂的胡克纪念碑上，他被称为“迄今为止世界上最有创造力的人之一”。很遗憾，鉴于科学领域的学科细分，如今已没有知识如此广博的科学家了。

平衡的问题

数学上称项链的形状为**双曲余弦**。此发现在数学史上有至关重要的作用，以至于人们最后将悬吊链条模样的所有曲线皆称为悬链线。这一奇特的曲线是怎么形成的呢？

为了理解这种形状，让我们单独想象链条上的一环。它受自身重力的作用，也受两边链条的拉力（链条中的此种拉力以一种令人难以察觉的方式拉扯着每一个链环）。但由于我们这根链条是弯曲的，一个链环两端的拉力并不在一条线上。两种对抗力量的差异抵消了链条向下的重力（图 3）。因此，正是每点拉力和重力之间的平衡决定了曲线的形状。请注意一根链条上的拉力并不一致，连接点上的拉力最大。

① 英文中，“细胞”和修道士的“单人小室”是同一个词（cell）。

2 当代绘制的罗伯特·胡克的虚构肖像，展现其多种兴趣，其中包括著名的悬链线。

像拉力这样在整条项链上都存在的力在力学中十分普遍。这种力被称为**内应力**。设想两组健壮的运动员相互对抗，向相反方向拉扯一条绳子（例如巴斯克地区的拔河游戏）。我们可以从运动员紧绷的肌肉看出他们付出的力量。然而当两组队员以同样的（外部）力量拉扯，绳子是不动的，绳子

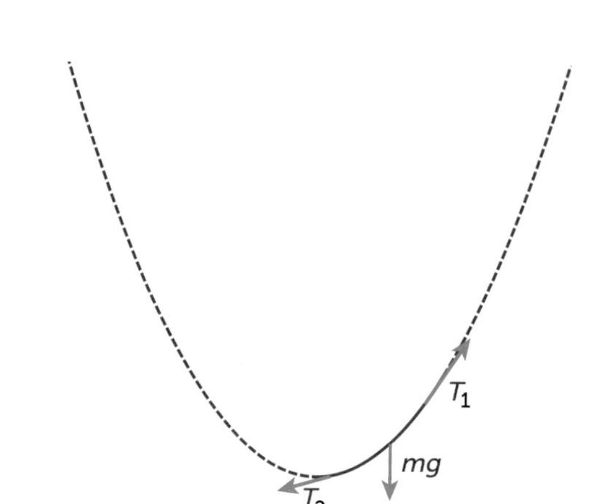

3 项链上局部（红色）的力平衡：两个对抗的力 T_1 和 T_2 与该局部两端的曲线相切，抵消了该部分的重力。

的内部拉力互相平衡；只有配备工具的观察员能测量出绳子长度的轻微变化（变形），间接测量出内部拉力的强度，即两组队员的力量。

吊桥

项链的形状让人自然而然地想到桥的结构。桥的前身是藤蔓制成的天梯，我们常在《夺宝奇兵》这类户外冒险电影中看到它们。如今，吊桥的设计已大不相同：平坦的桥面——我们过桥走的地方——由两根固定在桥塔上的主缆绳吊起。附属的吊绳与桥面垂直，将桥面与缆绳连接起来，确保其水平度。

金门大桥是最壮观的吊桥之一，它将旧金山扩展到了北太平洋沿岸。其成对的支撑缆绳让人们联想到一根均匀悬挂着许多小宝石的项链。但为什么要使用如此高的桥塔呢？大桥入口提供给游客的一场实验可以解释这个原因：高桥塔旨在减少作用在缆绳上的拉力，桥塔越高，用于支撑桥面的力量就越小。

主缆绳的形状是不是和我们著名的悬链线完全一致呢？是的，工程师马克·塞甘（Marc Seguin）认为正是如此，他从1823年起就在罗讷河上建造了一系列创新桥。他用悬链线的数学公式来精准地计算缆绳和支撑缆绳的桥塔。同时期，国立路桥学校的工程师亨利·纳维（Henri Navier，1785—1836）说明，如果链条比桥面的重量轻得多，吊起桥面的缆绳实际上应是抛物线——其重量被均匀相间的垂直吊绳传递了。

专家们的争论到底是怎么回事呢？这两种曲线非常相似，很容易弄混，抛物线只比它的孪生曲线悬链线稍稍尖一点。虽然是细微的差别，但研究悬吊缆绳精确几何形状的建筑师是能分辨的。

无论是藤桥还是吊桥，其结构的力学状态建立在缆绳的拉力上，而缆绳则需要被紧紧拴在河岸上，因此这些河岸通常是岩石构成的。不过，诸如米约高架桥这样的斜拉桥（见“内部平衡”，第32页）则摆脱了这种限制，因为每根竖立的桥塔承受的两边缆绳的拉力是对称的。

实验

在金门大桥的入口平台处，你会被邀请参加一个实验，以展示桥塔的高度对缆绳拉力的影响。现在我们把它简化一下。拿一个带把手的物体（杯子、水壶等），在把手中穿入大约 1 米长的细绳。将细绳的两端分别系在放倒的椅子的两条腿上。拉扯细绳，把物体稍稍拉高。此时从地面上提起物体只需要适度的力量。但随着物体的上升，细绳趋于水平，拉力增大。因此，如果细线系在更高处，就更容易承重。吊桥也是同样的道理，主缆绳应该吊在足够高的桥塔上来缓解拉力。

4 旧金山的象征——著名的金门大桥自建成起至 1964 年一直是世界上最长的吊桥，两根桥塔之间的距离（跨度）为 1280 米。

材料

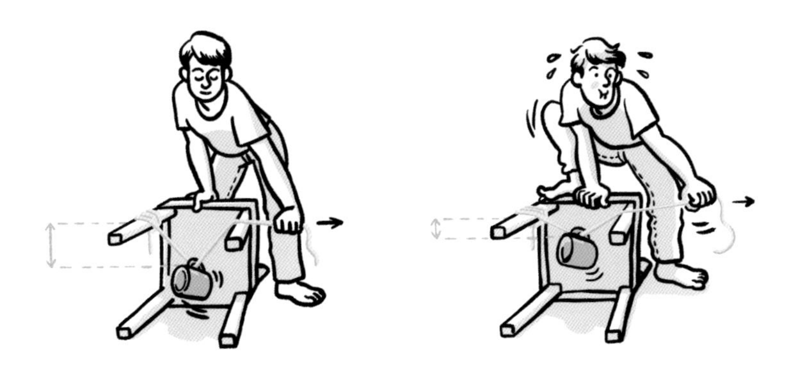

优雅的石拱

除了断壁残垣，古奥林匹亚体育场如今还剩下什么？答案是：运动员拱门。法国留存最完整的建筑是什么？通常是石桥。这些见证历史的建筑有一个共同的基础结构：石拱。

马可·波罗讲一座桥，描述它的每一块石头。

——可是，撑住桥的是哪一块石头？忽必烈可汗问。

——撑住桥的不是任何一块石头，马可回答，而是石块形成的桥拱。

伊塔洛·卡尔维诺（Italo Calvino），《看不见的城市》

许多建筑都并非只有功能性的作用，桥梁也一样。它们或装点风景，或体现权威。作为连接两片土地的建筑，它们也体现了民族和国家之间的联系，因此我们毫不意外地在欧元所有面值的纸币上都看到了桥梁这一元素。

1 波尔多的十七拱“石桥”（Pont de pierre），连接法国的南北方。

搭建一座桥最原始也最坚固的方式就是将桥面建在半圆的桥拱上。我们可以在古罗马建筑中找到半圆拱，比如公元50年左右建造的加尔（Gard）桥。随着历史的发展，在所有土木工程建筑中，从桥梁到教堂，我们都可以看到拱形结构的应用。你可能会问，这一结构如此坚固的奥秘究竟是什么呢？

桥墩和桥台

为了回答这个问题，让我们先了解如何搭建一个桥拱：先在两个桥墩之间放置一个木**拱架**，在拱架上一个接一个地放石块。这些石块被称为**拱石**，它们的斜面确保了彼此之间紧密接触。当所有石块都被安置在一个半圆上时，建筑就处在平衡状态下了，此时即使拿走拱架也不会有任何危险。实际上，所有石块都承受一样的压力，即拱形结构自身的重量及其负载的重量，但它负载的重量通过弯曲的形状分散到了整个桥拱上。

这种压力对石块不会造成毁灭性伤害，因为石块对抗这种力的能力很强。相反，它是稳固性的保障，因为它能防止石块之间的相对滑动。重大的压力被转移到了两侧延伸拱形的高大竖立的桥墩上。如果没有桥墩，水平方向的推力可能使桥拱四散坍塌。

多个石拱连在一起，就形成了古罗马斗兽场那样的环形结构。如果无法构成环形，则需要在桥拱两端配备桥台（用于抵抗压力的特殊结构）。桥台依靠河岸支撑。

拱形结构并非桥梁的专属，自古希腊和古罗马时代起，这一原理就已应用于住宅。那时住房的屋顶常常是用木材或茅草搭建，极易燃烧。后来，人们采用了石块，但随之而来的问题是：如何使门洞支撑起沉重的石屋顶呢？

第一种解决方案是将水平放置的长石块——**过梁**——放到窗户和门上方，但这种方案很快就暴露了它的局限性：不适用于诸如庙宇这类宽敞的

2 这是奥林匹亚体育场的入口，从公元前 8 世纪起，人们就在此举行奥运会。拱形长廊的入口处至今仍然保存完好。

3　卡奥尔（Cahors）主教座堂回廊及其数量众多的尖拱。尖拱建在支柱上，尽管回廊上开有诸多门洞，这些支柱依然能支撑住高高的天花板。

建筑。实际上，埃及人和罗马人很快就发现了长方形的石块很难抵抗因拉力而造成的变形，在其自身重量作用下会产生弯曲，导致石块下表面开裂。因此如果使用过梁，需要支撑过梁的竖直门框、窗框距离非常近，来限制开裂。这就是著名的帕特农神庙里柱子和柱子之间仅仅相隔 5 米的缘故。即便如此，有些过梁还是会在历史的长河中开裂，需要在现代进行修复。然而，奥林匹亚体育场遗址入口处的拱门却完整无缺地进入了我们的视野（图 2）。零散石块建造的石拱可以稳固地留存到今天，让人觉得不可思议，但我们可以找到一个明确的原因。无论是支撑屋顶还是桥梁，石拱的坚实度都远高于任何直立的墙面。如前所述，石拱之所以这么坚固，是因为构成它的每一块石头都相互压紧了。

教堂的筒形拱

拱形结构矛盾的坚固性促使人们在古罗马之后继续发展这种建筑技术，不断地找寻受力与外形之间的平衡，尤其表现在基督教堂的建造上。古罗马建筑风格对宗教建筑的启发首先体现在创造了以粗壮立柱为支撑的半圆拱顶，即**筒形拱**。但这种坚实的半圆形外观限制了拱顶的高度，最高只能到拱形半径那么高，相当于立柱的间距。

在哥特时代，这种建筑形式逐渐被尖拱替代，尖拱的每条棱汇集到嵌有**拱心石**的顶点（图 3）。与半圆拱顶相比，细长的尖拱可以让建筑更高，因此更便于光线透过彩绘玻璃进入。

尖肋拱顶(拱肋相互交叉)的发明旨在将建筑上方的重量集中于立柱上，这一阶段的立柱变得又细又高，使得彼此之间的空间更开阔了。但仅凭这些高挑的立柱无法平衡横向推力。为了对这种情况进行补救，建筑师们用**拱扶垛**平衡建筑，将侧向的压力传递给飞扶壁。因此，拱扶垛其实并非为了美观而存在，但一些大教堂（如巴黎圣母院）外部的拱扶垛的确优雅地装点了建筑。这种用立柱平衡推力的方式也是侧廊的主要功能。

五百年间罗马艺术和哥特艺术对教堂建筑的追求，也同样体现在伊斯兰艺术中。建筑师们尽力为众多信徒创造最大的空间，努力让建筑更加高耸，以此更接近真主。

实验

如何展现拱形结构的承载力？用一条珍珠项链来体现吧。找一条珍珠大小一致、彼此紧贴的项链。用钉子将项链固定在小木板上（要让项链两端的珍珠紧挨钉子）。此时项链的形状是在上一节中介绍过的著名的悬链线。不改变项链自然的形状，沿横轴翻转小木板至水平状态，悬链线的外形始终不变，这并不怎么令人吃惊。

然而继续翻转小木板，倒置的拱形也依然稳定！形成悬链线的力就这样被颠倒了过来。之前的拉力变成了现在的压力，横向力的缺乏则确保了拱形的稳固性，不需要拱扶垛来支撑。如果改变拱形的形状，这个结构可能就会坍塌，因为倒置的项链无法抵抗让珍珠一个滑向另一个的横向力。建筑师高迪为了设计巴塞罗那著名的圣家族大教堂，没少研究倒置悬链线。

正如罗伯特·胡克所言："悬挂的线是柔软的，倒过来的拱却是坚固的。"

1.

2.

3.

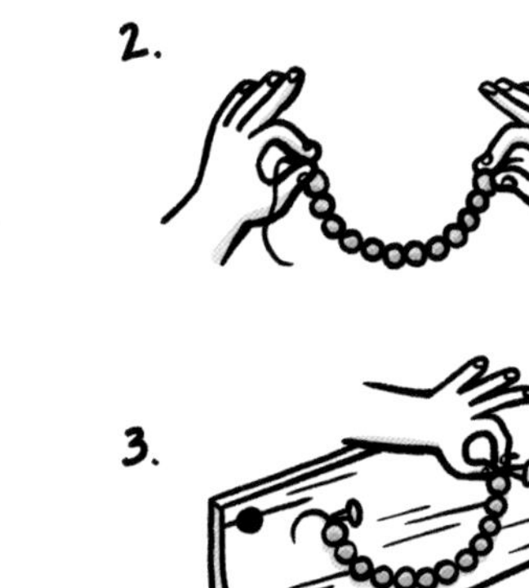

4.

5.

贝壳与千层蛋糕

某些贝壳的内部覆盖有珠母，珠母是具有特殊力学性能的材料。它异乎寻常的坚硬度源于它的微观结构，就像一层砖一层黏合剂相间的组合。

海螺一圈一圈地长大。这表明，任何事物，无论是以什么样的形式和物质彼此联结、存续，都有自己的时间。外形于是体现了生命的完整时间，以某种方式吞并过去，展示现在。

保尔·瓦雷里（Paul Valéry），《瓦雷里笔记》

在退潮时的海滩上，岩石中生长着数不清的滨螺、蚶子、贻贝和其他贝类。一个形状奇怪的贝壳从中脱颖而出：它像刺了十几个洞的耳廓，一串耳洞连成了优美的弧线。这是鲍鱼，敏锐的美食家将这种软体动物称为

1 鲍鱼壳的外观呈叶片状，上有一排小洞。内部由一层虹色珠母覆盖，具有异乎寻常的机械强度。

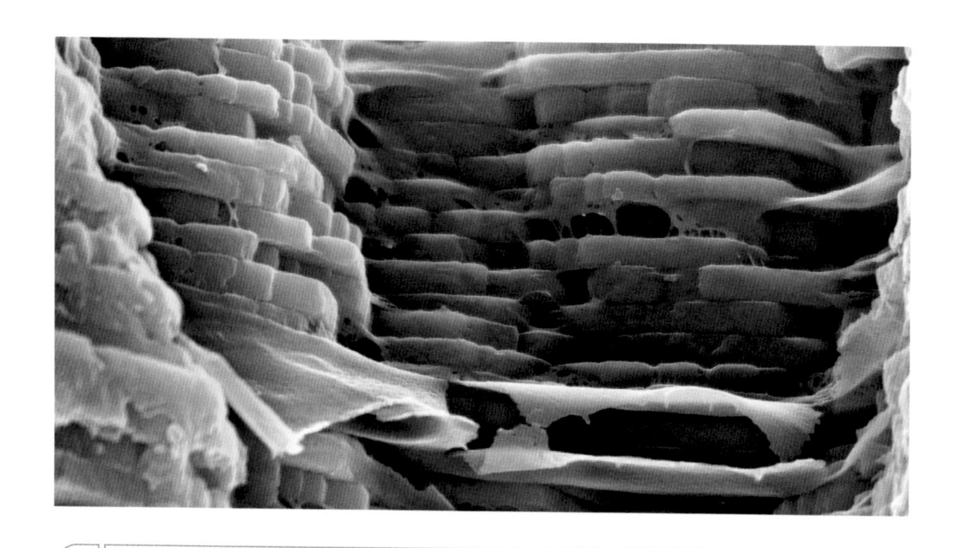

2 在贝类的珍珠母中，半微米厚的文石层层堆叠成微型砖墙，极薄的柔软灰浆层将这些砖块砌在一起。这种组合让它具有惊人的强度。

“布列塔尼的鱼子酱”。覆盖其内里的珍珠母为它装点上了一层绚丽的虹彩光泽。但珍珠母拥有另一种出乎意料且更引人注目的特性：它具有不可思议的硬度，可以与最坚实的钢铁媲美！

坚不可摧的微型砖墙

这种硬度得益于珍珠母。众多贝壳都有闪耀着彩虹色的珍珠母，它被人类用于镶嵌工艺、珠宝行业或装饰。珍珠母的虹色源于**文石**堆叠层反射的光相互干涉，文石是近似白垩的碳酸钙晶体。

电子显微镜下的图像揭示了文石是由如砖墙一般堆叠的薄片构成的（图

2)。这种薄片的厚度大约是半微米，和光波的波长相近。矛盾的是，虽然白垩这种材料十分柔软，但 95% 由文石构成的珍珠母却异常坚固！这要归功于文石的组织结构：多面晶体板被柔软的灰浆层分开，灰浆层主要是蛋白质和甲壳素（一种碳水化合物分子）的聚合物。作为一种黏合剂，灰浆层在珍珠母结构中占比不超过 5%，形成比文石片更薄的膜。然而，它却在很大程度上确保了这一片状结构的硬度。为什么呢?

千层蛋糕的策略

物体的断裂一般产生于表面裂口，表面裂口随后蔓延到整个材料。对某些材料而言，比如玻璃（见“玻璃之泪”，第 308 页），裂口会迅速扩大，出现多个光滑断面——断裂相，人们称之为**脆性断裂**。相反，如果我们拉长一块橡皮泥，在橡皮泥断裂前，它会以不可逆的方式不断延长，这是**延性断裂**。

在鲍鱼这个例子上，贝壳的断裂就是扩大微型砖墙上的裂口。而仔细观察（图 2)，珍珠母呈现了诸多生长缺陷，如同内部产生了诸多裂口。那么，为何贝壳如此坚固呢?

实际上，文石“砖墙”的结构在一些程度上抵抗了裂口的扩大。坚实的文石片上的裂口很快就会在它开裂的道路上遇见柔软的黏合层而被分散一部分力量。想想切千层蛋糕遇到的困难：刀切过具有硬度的面层，在遇到柔软的奶油层时一下子被泄了劲，最终一片狼藉（图 3）！

千层蛋糕的悲剧——一层和另一层滑开——在贝壳中也会出现。为了限制这种情况的产生，珍珠母给出了原始的答案：有机黏合剂牢牢粘在文

3 想切好一块千层蛋糕得靠运气，因为刀会交替切过面层和奶油层。自然界也产生了同样类型的结构，坚硬层和柔软层交叠堆积，让珍珠母极其坚固。

石片上，让分离变得艰难。黏合剂很柔软，因此能够承受变形而不受损。最后一点，文石片的表面有纳米大小的凹陷和凸起。这些小刺将砖牢牢固定在包裹它的有机黏合剂中。相邻的两个凹凸不平的表面几乎相贴。这些凸起大大限制了相对的滑动，即限制了文石层的分离。大功告成!

模拟珍珠母

珍珠母是自然界奇妙的材料，结合了文石的坚硬和聚合灰浆的柔软。但它并不是唯一一个结合了两种特性以达到异乎寻常的机械特性的混合材料。木材、牙釉质和骨头也是如此。正是因为和骨头生物相容，珍珠母成为了骨头的珍贵替代材料。

然而，珍珠母获取困难，种类繁多，使得直接使用这种自然材料变得复杂。因此，工程师们采取借鉴的方法，或者称之为灵感，来制作结构和性能与大自然相同的材料。这种**仿生**的方法虽然很吸引人，但实施起来并不容易，也并非总是有效。而且，即使人们知道如何在实验室中生成晶体，也很难利用贝壳的自然成分生成贝壳。

当化学是软的

仿生学是如今“软化学”研究的关键，这一概念由软化学专家雅克·利瓦日（Jacques Livage）引入。如何在常温环境下用大量材料合成坚固如石灰石的材料呢？这些合成物一般都是在高温下（例如制作玻璃需要 1200℃）获得（见“各种形态的玻璃”，第 202 页）。如果成功做到在常温下合成材料，便可以节省大量能耗。

溶胶 – 凝胶法可以通过使悬浮在溶液中的粒子相互作用而形成一种坚固晶体网的方式，将液体转变为凝胶。这种现象在大自然中存在（见“伟大的建筑师”，第 7 页），现代研究正在努力模仿这种常温下制作玻璃质材料的方法。

实验

珍珠母的硬度，或者更宽泛地说，合成物的硬度与材料的碎片结构相关，这真令人吃惊。让我们用一盒饼干的塑料包装纸研究这个现象吧。

在包装纸上剪两个 5cm x 15cm 的长方形 A 和 B ①。

A 作为基准样本②。

沿长方形 B 的长边剪出平行的流苏③。

用宽胶带完整地粘在包装纸上④，得到两个表面上看起来一样的长方形。

实验继续，用剪刀在长方形上剪一个小缺口，试着沿短边方向撕两个长方形⑤。撕长方形 A 并没有太大困难；然而，长方形 B 却很难对付……你可以毫无障碍地撕到第一个流苏处，但你会发现裂口很难再继续扩展到整个合成物结构。

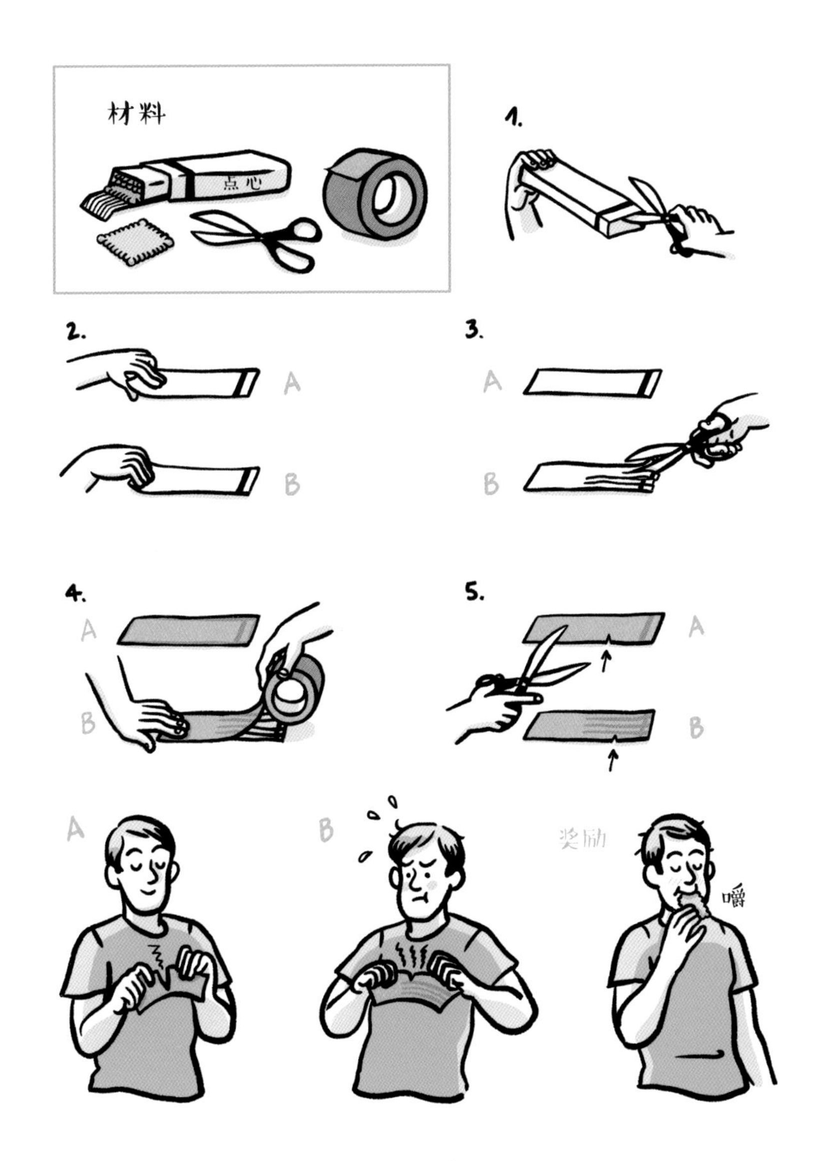
材料
点心
1.
2.
A
B
3.
A
B
4.
A
B
5.
A
B
A
B
奖励
嚼

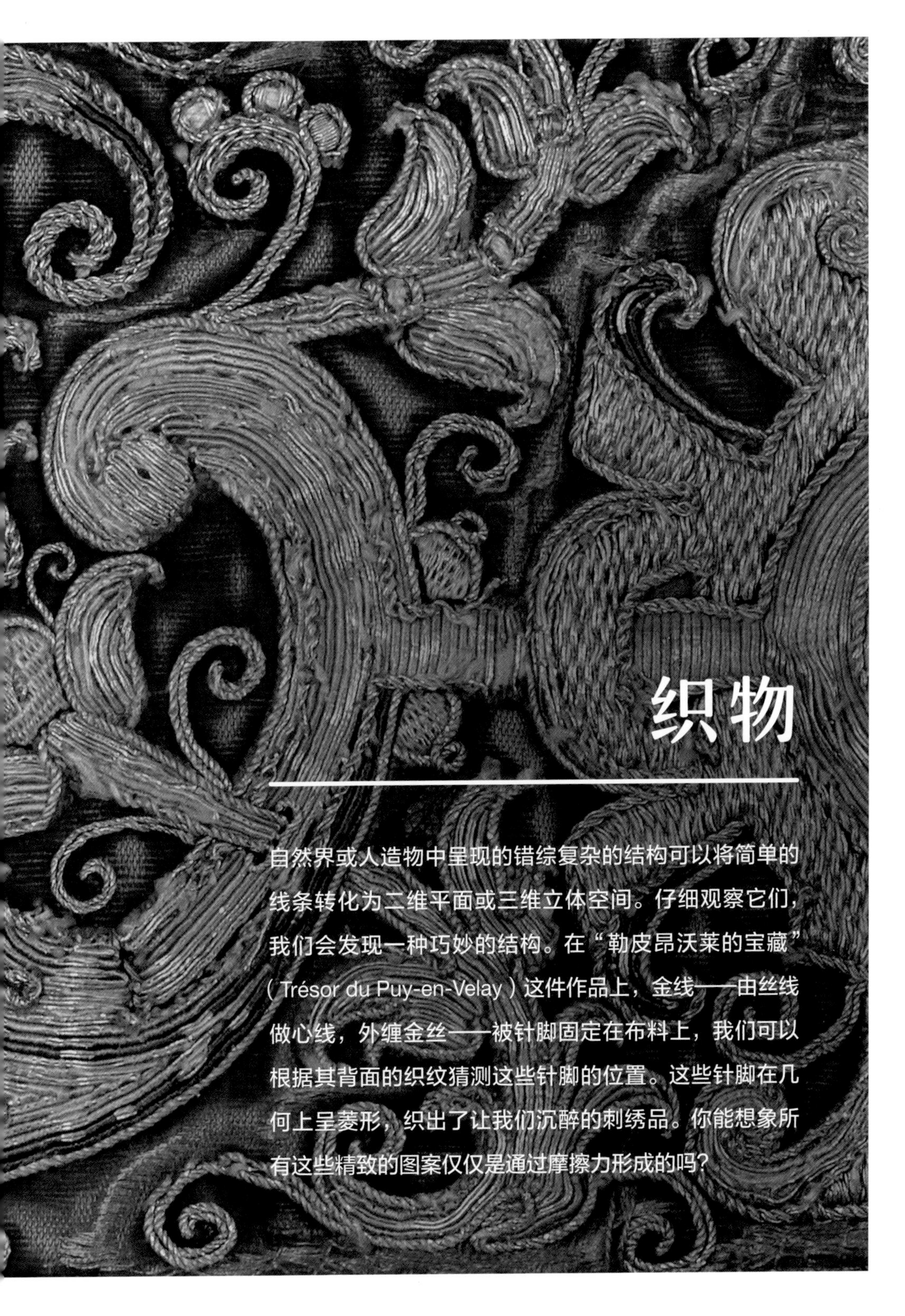

织物

自然界或人造物中呈现的错综复杂的结构可以将简单的线条转化为二维平面或三维立体空间。仔细观察它们，我们会发现一种巧妙的结构。在“勒皮昂沃莱的宝藏”（Trésor du Puy-en-Velay）这件作品上，金线——由丝线做心线，外缠金丝——被针脚固定在布料上，我们可以根据其背面的织纹猜测这些针脚的位置。这些针脚在几何上呈菱形，织出了让我们沉醉的刺绣品。你能想象所有这些精致的图案仅仅是通过摩擦力形成的吗?

八条腿的建筑师

有什么是比蜘蛛网更常见的呢？然而，它却能达成一项非凡的成就：截住一只以每小时 40 千米的速度向前冲的昆虫，并且让它无法弹起，却也不会受伤……足以引起世界纺织业革命的蜘蛛网，其独特的机械性能取决于什么呢？

蜘蛛网上落几滴露水，便是波光粼粼的河。

儒尔·勒纳尔（Jules Renard）

晨间漫步的时候，谁没有欣赏过欧洲常见的圆网蛛在夜间耐心织出的蛛网图案呢？那上面还有串串露珠。蜘蛛网的原型就是这个星状辐射结构，这种结构让蜘蛛网牢牢固定在邻近的树枝上。这些丝由辅助的横向丝联结在一起，构成螺旋形——你之前注意到了吗？这么多细节都有各自的意义，因为蜘蛛的伙食依赖于它在这个可怕的陷阱中捕到的猎物。蜘蛛丝看起来易断，但实际上，它的坚韧程度可以和钢铁相匹敌。理解蜘蛛网对于合成

1 露珠装点的蜘蛛网，将辐射状铺开的坚硬直线与更易变形的环线结合在一起，成为冒失昆虫的陷阱。

纤维纺织工业十分重要。

凯夫拉芳纶的同质材料

辐射状直线蜘蛛丝和环状蜘蛛丝的机械优势不同。前者拥有超乎绝大部分合成物的坚韧度。如果你有机会去热带旅行，你也许会遇到我们花园圆网蛛的热带表亲——络新妇。相对于其几厘米长的身躯，它的攻击性不强，但吐丝的坚韧程度却能够打破世界纪录：它用六分之一的质量即可达到和钢铁一样的抗断强度：截面1平方厘米的蛛丝能够承受一辆10吨载重卡车的重量！

这种引人注目的坚韧度源于蛛丝的分子结构。蛛丝实际上由蛋白质构成，蛋白质将坚硬的晶体结构和柔软的非晶质部分结合在一起。只有20世纪60年代美国化学家史蒂芬妮·克沃勒克（Stephanie Kwolek）发现的著

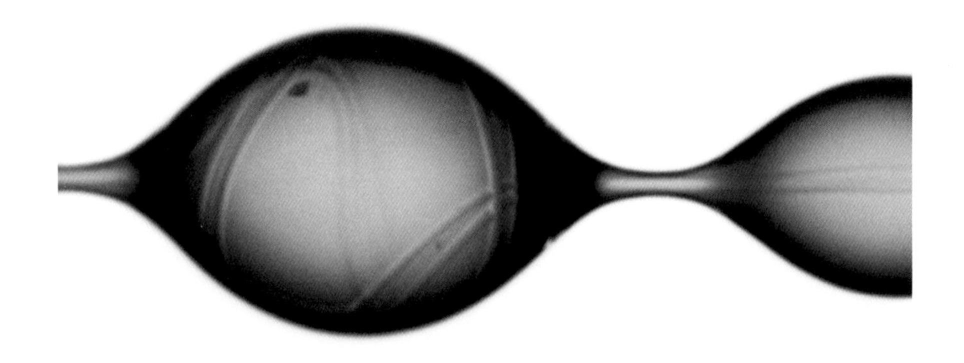

2 在横向蛛丝上，布满了用多余的珠丝缠绕而成的直径0.1毫米的小球。需要时，预留的蛛丝放出，蛛网的张力不会增加。

名的凯夫拉（kevlar）芳纶合成物，可以和热带冠军蛛丝相抗衡。

减震器

与辐射状蛛丝相反，环状蛛丝提供无与伦比的弹性，即使被拉扯至原始长度的三倍也不会断！随后需要几秒钟恢复原来的长度。但为何它不像辐射状直线蛛丝那样硬呢？很明显，蛛网的作用是捕捉猎物，比如抓住一只以每小时 40 千米的速度撞击蛛网的蜜蜂。因此蛛网仅仅坚韧是不够的：一张蹦床可没办法保证蜘蛛的晚餐。任何冲击都应该被有效地削弱，以防猎物跳出捕食者的手掌心。

前不久，物理学家和蜘蛛学家共同进行的一项实验显示，很多种类的蜘蛛织出的网都具有惊人的机械特性，可以将冲击转化为微弱的撞击。如果你用心观察蛛网，运气好的话，你会发现蜘蛛捕猎的纤维上均匀分布着有黏性的小颗粒，可别和清晨凝结的露水混淆了。

这些小颗粒有什么用呢？研究表明，这些小颗粒储藏了多余的环状蛛丝，受到冲击时就会放线（图 2）。初始张力由毛细力提供，毛细力可以让潮湿的沙粒（见“沙堡的奥秘”，第 168 页）或发绺（见“湿漉漉的头发”，第 100 页）黏附。小颗粒起到了减震的作用：全靠它，猎物不会蹦出，很快陷入蜘蛛网并被粘住。

令人惊愕的液体

蜘蛛是怎么吐丝的呢？在蜘蛛的腹部，有一个形如瘦长灯泡的腺体，它会产生蛋白质液。这种奇特的液体黏性高于水几百万倍，通过一根管子流出，管道逐渐变细，直至形成纺丝器。其直径从零点几毫米到几十微米不等，比头发丝还细。究竟是什么样的机制使得如此高黏度的液体可以在如此狭窄的管道里流动？这是个谜团。更令人吃惊的是液体在中途的变化：什么样的物理化学奇迹可以让可溶的蛋白液逐渐转变为坚韧的纤维，而且不溶于水？这些问题仍没有确切的答案。

四亿年的进化赋予了蜘蛛目一种复杂而不为人知的内在机制。蜘蛛具有七对纺丝器，一些种类的蜘蛛可以根据细致划分的功能差异吐出不同的丝：直线确保蛛网的坚固度，环线减弱猎物的冲击力并粘住猎物，还有特殊的蛛网用于裹住即将到来的猎物。每根纤维都有自身的特性。

未来的纺织原料？

人类很早就发现了蜘蛛丝惊人的特性。古希腊人用它做绷带，甚至是缝合线。巴布亚岛上的居民用树枝做成抄网框架，由蜘蛛完成网子。除了这些古老的技术，纤细而坚韧的蛛丝也被天文学家用来做望远镜的十字丝。说不准，某些天体的发现可能是托了蛛丝的福呢！

为什么不像用桑蚕丝一样，用蜘蛛丝织布呢？在 19 世纪中叶，探险家阿尔希德 · 德萨利纳 · 奥比尼（Alcide Dessalines d’Orbigny，1802—1857）在美洲南部考察时，详述了土著居民对蜘蛛丝的使用。当地人甚至可能为他缝制了一条舒服的蛛丝裤。不久之后，在马达加斯加的耶稣会传教士保罗 · 康布埃（Paul Camboué，1849—1929）神甫尝试从当地品种马达加斯加络新妇身上提取金色蛛丝。马达加斯加络新妇个头大，每月能吐 4 千米的丝线，这些丝线让人们联想到金线。

人们用这项工艺制作了1900年巴黎世界博览会上展示的床罩，但它却被世人遗忘了，直到手工艺者西蒙·皮尔斯（Simon Peers）和尼古拉斯·戈德利（Nicholas Godley）发起的一项挑战：缝制一件金蜘蛛丝斗篷。这项巨大的工程耗时数年，从一百多万只蜘蛛身上提取了1.5千克的金蜘蛛丝。超过七十人参与到蛛丝提取、纺线及织造的工作中。其成果作为一件华美的艺术品在伦敦展出（图3）。然而，人们还未找到任何适用于机器生产的方法。或许可以从蜘蛛产的蛋白质入手，重构纤维。但比起蜘蛛这位花园主人身上的纺丝器，我们还相差太远！

3 这件金蜘蛛丝斗篷在伦敦维多利亚与阿尔伯特博物馆展出。

实验

在我们上文提到的多余蛛丝缠成的小颗粒上，常常附着有间隔均匀的露珠。下面我们就来看看这一串均匀的露珠是如何形成的。

将曲别针掰开，形成L形①。将L形的底部浸入诸如食用油的液体中，将其拿出并保持水平②③：一层油便覆盖在了金属针上④。

几秒钟之后，你会看到这层油逐渐变成小串油滴⑤。我们知道，表面张力总在试图缩小液体表面，而同等体积的油滴比柱状油层表面积更小（见“承受张力的表面”，第40页）。两滴液体之间均匀的距离由铁丝的半径决定：铁丝越细，距离越短。

材料

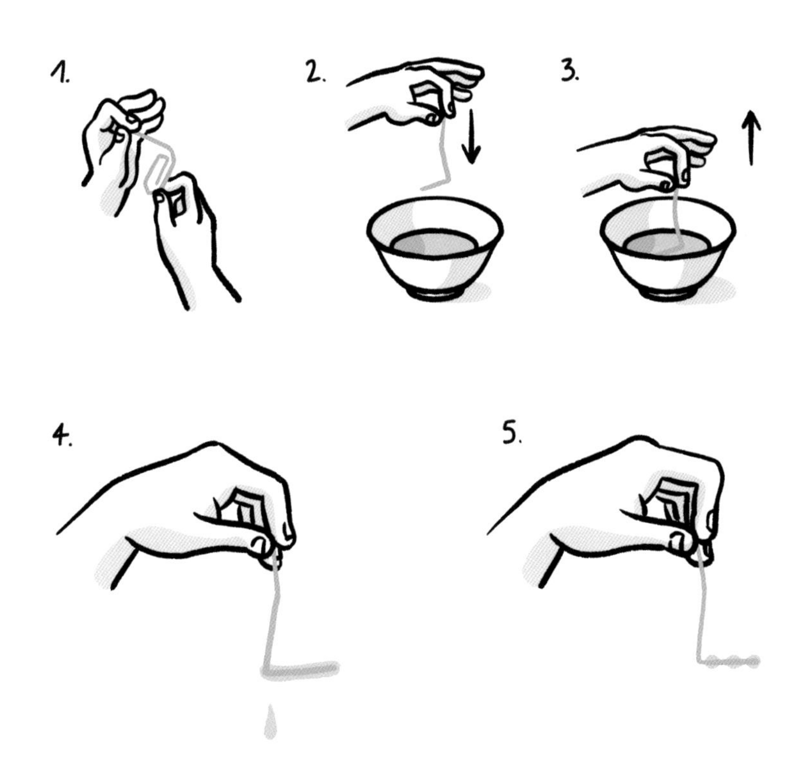
1.
2.
3.
4.
5.

湿漉漉的头发

你曾经花时间观察过一绺湿发内部发丝排列的惊人形状吗？这些形状是纤维的机械刚度和毛细力之间较量的结果。出人意料的是，对这种日常现象的研究与我们手机微传感器的功能之间有着至关重要的联系。

按理说，20 世纪初的男演员鲁道夫·瓦伦蒂诺（Rudolph Valentino）和 20 世纪 80 年代的朋克一族没有什么共同点。一点都没有，除了他们对头发的执着。前者因涂抹发膏油光锃亮的头发而著名，后者则因“莫霍克”发型而声名远播，这种发型源于一部西部片。确实，无论在什么时代，通过胶凝剂或仅仅通过水来定型一头平平无奇的乱发都可以起到修饰外貌的作用。但你曾经在头发粘连的时候注意过发丝的组合吗？它们从未像人们希望的那样一根挨一根地乖乖排好。

找一个你周围的人，最好是留平头，在他刚出浴的时候观察他的头发，

1	一绺一绺的竖立头发需要依靠水或啫喱膏定型。

从发根开始。你会发现这些发丝并非是一根一根，而是一绺一绺地排列，甚至还在一绺下再细分几绺，以此类推直到发根。这种自发又奇怪的分支结构是怎么来的呢？

实验室的刷子

为了在受控条件下研究头发的胶合情况，研究人员们想出了一个实验：在油槽中浸入一种由间隔均等的薄片构成的特制液体刷子（图 2）。一旦从油中拿出刷子，刷子就形成了美丽的树枝形状。薄片在高处就开始通过液体桥梁两两结合。这种黏合的过程不断重复，形成的发绺越来越粗。

令人惊讶的是，实验表明发绺的粗细和头发长度没有相关性。也就是说，实验揭示了湿发胶合的普遍性。

造成纤细物形成这种结构的机制更具有普遍性：这个结构与物理学家称之为**聚结**的现象相吻合。概括来说，小物体聚集成为较大的物体，较大的物体再聚集成为更大的物体，以此类推。云朵也是这样形成的，微小水滴不断聚集，最终化作一场骤雨。

2 在这个实验中，平行的塑料薄片被 1 毫米宽的楔子（图中蓝色物）均等隔开，将薄片放到油槽中，再慢慢提起。出现在两个薄片之间的油桥（深色的部分）呈现有趣的树枝结构。

刚刚好的平衡

形成这种聚集的物理原因是什么呢？别挠头了，答案在这里：是薄片之间的吸引力与其机械硬度之间的对抗。和沙堡的情况一样（见“沙堡的奥秘”，第 168 页），水在这里也起到了黏着的作用。正如沙堡被潮水淹没会瓦解，过多的水会破坏薄片之间的黏着度。因此，一支蓬乱的刷子完全浸入水中时依然是乱糟糟的，因为不存在水与空气的分界面。只有在潮湿的状态下才会出现优美的尖细外形，也就是说，既不干燥，也不完全湿润。

将我们的头发粘连在一起需要让头发弯曲，而它自身的硬度则让它竖直。又硬又浓密的头发更不易弯曲，粘连在一起的发绺也不如纤细而柔韧的头发能够粘连的发绺粗。如果我们的头发过长，超过了几厘米，就会出现大煞风景的第三种情况：纤维的重量超过了结构的承受能力。然而啫喱膏可以很大程度上加强黏着度和硬度，因而能够固定 20 厘米长的鸡冠发型！

手机里的危险

但为什么研究人员执着于研究湿头发这种细小奇怪且毫无意义的事情呢？实际上，头发的自动粘连机制在诸多小型日用机械系统中都可以找到，比如手机中有一种装置，可以随时向手机提供其相对于垂直方向的姿态。这种传感器具有柔韧性，和人类发丝一样细，形如一把微型梳子。这些梳齿会在重力或加速度作用下产生偏斜，通过测量它们的电容即可判断出手机的倾斜度（图 3）。一滴自环境湿度中凝结而成的水滴就足以阻碍传感器的功能，因为水滴会让传感器的齿粘在传感器上。

为了防止这种情况，微型工程师需要在设计之初就考虑到**毛细力**。但那些懂得控制毛细力的人也知道如何恰如其分地利用它。电路板上的众多焊接构件是否让你惊叹？在工业生产流水线上，自动电烙铁把焊料滴在焊点上。机械臂会快速而粗鲁地把“千足虫”——电子元件——放到焊点上。液体状态的焊料将电子元件的“脚”吸到接触点，从而调整元件的位置。焊料迅速凝固，电子元件也就被固定住了。如今的研究力求在利用毛细力方面走得更远，能够制作出小型三维结构，如同某种毛细折纸工艺……

3 加速度传感器的双排齿形结构能够向手机指出重力的方向，从而提供手机的自身方向信息。它的一排齿是固定的，另一排齿在重力的作用下轻微移动，或更广义地说，当它被加速时就会轻微移动。图片上传感器的宽度和人类头发的直径相近，正因如此，一滴水就能成为一个设备的敌人：水滴会将齿粘在一起，阻碍齿的偏移。

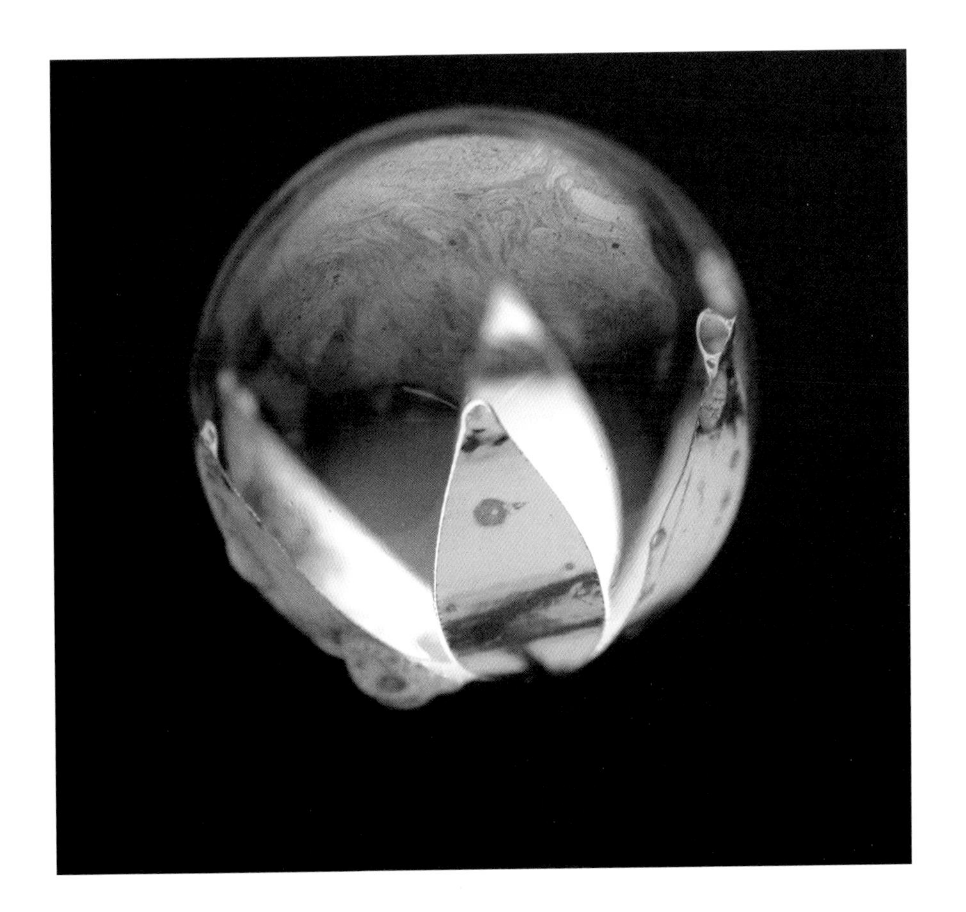

4

一件毛细折纸作品。将一个肥皂泡放在一张水平放置的剪成花形的薄纸上。这个结构会在肥皂泡和薄纸之间的毛细力的作用下聚拢（见第 108 页）。这和在足够柔韧的纸上滴一滴水珠的效果一样，只不过后者看起来并不显眼。

实验

这是一个极妙的实验，但也不容易成功。实验目的是用肥皂泡阐明一页平面的纸在一个三维物体上的弯曲度（毛细折纸工艺）。

在极薄的救生毯上剪一个边长大约 5 厘米的等边三角形①。把它放到吸水的纸上。

将肥皂水涂在三角形的上面，注意别涂到外面②。

用一根吸管，试着在三角形的中心吹起一个肥皂泡③。肥皂泡常常会破裂，但如果你有耐心，你会得到一个漂亮的金字塔。如果你还有野心，可以剪出一个花形，做出前文展示的花蕾。

材料
救生毯

1.
2.
3.
呼
4.
呼

鸟族中的建筑师

不同种类的鸟所筑之巢具有各不相同的外形，越小的鸟筑的巢往往越精致。这些奇妙的小建筑有什么奥秘呢？和米卡多游戏棒一样，鸟巢的奥秘就是树枝间的摩擦力！

雄性的绿腰织雀胸部呈鲜艳的黄色，眼部还佩戴着黑色眼罩，看上去活像飞禽界的佐罗。一个走马观花的游客可能不会注意到，这些非洲草原上的原住民并非因其讨人喜欢的外形而知名，而是因为它们独特的求偶行为。

在交配季节到来时，雄绿腰织雀会在树上或芦苇上筑巢，然后守在门口，开始卖弄风情：它拍打翅膀，发出吸引雌性的鸣叫声。雌性会将鸟巢据为己有，不久后雄鸟和雌鸟便会在其中交配。一只雄绿腰织雀可以有多个配偶，在交配的季节会为它的后宫妻妾们筑很多巢。一般认为，在配偶选择方面，

1	绿腰织雀把小树枝交叠在一起筑巢，筑出的巢看起来就像奇特的纺织品或藤柳制品。是什么支撑着鸟巢呢？仅仅靠纤维之间的摩擦力！

它最大的王牌既不是力量也不是美貌，而是它的筑巢天赋。

对于善于观察的人，鸟巢是奇妙的物体，而鸟则是伟大的建筑师。老普林尼（Pline l'Ancien）在他的《自然史》中已经记述了某种受飞禽建筑师启发的仿生方法。绿腰织雀的鸟巢如同一个悬挂在树枝上的蚕茧，编织得十分巧妙，仅仅由几片草叶构成支撑。

装配图

为了更好地理解鸟类如何建造如此精美的巢穴，让我们跟着常见的鸫来看看这个过程。虽然鸫住在它宝贵的巢里的时间不长，但它仍会精心建造。想象一下：鸫用几厘米长的树枝搭建在一根相对水平的树枝上，构成鸟巢的底。接着用茎和小树枝一根一根交叉搭叠，在中心留出空间。完成这一步后，再用草叶和树叶覆于其上，既确保整体的密实，也是一种有效的伪装。最后，用苔藓或泥浆覆盖鸟巢底部以堵住剩余的洞，让鸟巢更坚固。

鸫可是个机会主义者！它充分利用周围可用的材料，比如蛛网，甚至蚕茧，这些材料可以确保鸟巢在树干上的稳定性（图 2）。这些纤维甚至会成为更高级的鸟巢的基础，用于支撑或固定其结构。快完工时，鸫会在巢中转圈，以确保鸟巢的外形是半球形，并且柔软，为下蛋和搭窝做好准备。这种类型的巢非常普遍，体形小巧的蜂鸟的巢也是这样的。蜂鸟的名字可谓恰如其分：上述工程的规模将被缩至几厘米大小，比坚果壳大不了多少！

2 鸫用交错的小树杈和柔软的茎在树枝上筑巢，形成浅口杯子状。最终用青苔或其他柔软的碎屑填充底部。

蒙面篾匠

如果说鸫在充分利用周围材料方面很有一手，那么绿腰织雀则为了创造一个真正的藤柳编织艺术品倾尽全力。首先，它用草叶将两根结实的树枝绑在一起，做成一个环。你试过单手打结吗？绿腰织雀可以用嘴打结！它们用大自然中的纤维编织出有屋顶、地面和墙的大口袋状巢穴，巢穴的开口很小，以阻止捕食者的入侵。一个悬挂在树枝上的摇篮一般需要一整天的时间来搭建，雏鸟将在其中孵化、长大。

不同种类的鸟拥有不同的筑巢技术，类型繁多。燕子是泥水工程的专家，它们把泥团聚集起来筑巢。马来西亚的燕子用唾液筑巢，筑出的燕窝可以在汤中溶解，成为一些亚洲地区餐桌上的珍馐。至于装饰得最富丽堂皇的金牌鸟巢，由著名的园丁鸟科筑造，它们是滑稽的松鸦和爱偷东西的喜鹊的大洋洲表亲。为了给新娘留下深刻印象，新郎用漂亮的小树枝搭建出凉亭，用鲜花、浆果或其他色彩鲜艳的物品装饰门口，可惜这些物品往往是工业制品……

班里的差生

但并不是所有鸟类都这么勤劳。如果说鸟类中存在建筑大师，那么就会有连抬一下自己的嘴巴都不乐意的懒蛋。杜鹃鸟是个喜欢非法占屋的阴险家伙，会把蛋下在其他雀鸟的巢中。鸵鸟呢，只要给它一个简单的洞穴，哪怕是地上的一个坑，能把它的蛋埋在其中，它就满足了。至于啄木鸟，树洞对于它来说就足够了。

其他种类的鸟，或是没有可用的材料，或是不需要一个完整的鸟巢，所筑之巢，空有鸟巢之名，没有鸟巢之实。企鹅用石子围成一个圆圈，这些石子可是从邻家偷来的战利品。至于鹰，它只需要一个由大树枝简单搭建的巢，或者应该称之为一个平面。由于老鹰没有直接的捕食者，因此这类猛禽没有隐藏自己需要。

建筑的秘密

鸟巢除了美丽的外观，在其中起作用的物理机制是什么呢？一个仅仅由树枝和纤维构成的组合怎么能保持挺立呢？诚然，鸟类有时会借助黏合材料，诸如泥浆、唾液、蜘蛛网。但鸟巢整体的稳固性主要来自各个零件之间的摩擦力。想想米卡多游戏，在不挪动其他米卡多棒的条件下拿出其中一根棒，可是十分困难的，如果这些棒子错综复杂地交叉在一起就是难上加难。当树枝两两相叠，在上方树枝的重压下，下方树枝会在接触点上紧贴在一起。摩擦力限制树枝的滑动，确保整体的稳固。使用柔软或分叉的树枝可增加接触面积和空间填充，因而使得结构更稳固，比如著名建筑师王澍的作品《亭云》的拱顶（图 3）。

最有效的方法还是编织纤维。在这种情况下，因交织产生的压力让接触点的摩擦力大大提升（见“震撼人心的草绳桥”，第 120 页）。

海洋中的毛球

还有一种方法可以帮你理解，为何仅靠摩擦现象就可以让小小的建筑获得稳固。去海滩看看吧。度假的时候，你一定发现过这些奇怪的椭圆形毛球，它们让人联想到猕猴桃。这些海洋毛球由短小的纤维构成，人们可以从表面拔出这些纤维（图 4）。它们来自海神草科植物破碎的茎。海神草科是水生植物，其形成的海草丛对于大量在其中产卵的物种来说至关重要。

3 卢瓦尔河畔肖蒙城堡（Chaumont-sur-Loire）中的这座中国园林建筑，由错综复杂的木枝搭建而成，作者是园林设计师王澍。这个作品看起来颇像倒置的鸟窝。该作品也是依靠木枝之间的摩擦力得以稳固。

它们偶然随着波浪聚集在一起，原本独立的纤维相互交织，形成紧实的毛球，逐渐增大，直到搁浅在海滩上。

这些纤维是如何纠缠在一起的呢？我们可以想象这些根茎沿着水流方向排列，在旋涡中缠绕在一起。许多法国的研究组都热衷于通过实验模型来理解这种机制。这个看起来微不足道的问题实际上对众多工业应用都至关重要，例如雨水管理、洗衣机的堵漏等等。

4　在一些海滩上，人们会找到这种紧实的毛球。和鸟巢一样，它们仅仅依靠纤维的缠结和摩擦力固定形状。这些纤维随海浪聚集在一起的原理至今还不甚明了。

实验

如果不将两本电话簿叠放，如何借助其中一本抬起厚重的另一本呢？这是一个既简单又出人意外的实验，展示了摩擦力非凡的力量。用拿破仑蛋糕的方式，将两本电话簿的内页相互穿插叠放，重复至少几十次①②。试着分开它们③。你会发现这实在是太难了！

这么大的阻力来自哪里呢？我们把纸页交叠放置，可以增加摩擦力。更确切地说，这种交错叠层通过增大负荷，确保了纸页之间的相互接触，从而大大增加了纸页之间的摩擦力。这和稳固绿腰织雀鸟巢的原理是一样的。

材料
电话簿

1.
2.
3.
嗯，
现在我要
怎么让我的
电话簿恢复
原状？

震撼人心的草绳桥

你会踩着一座用草编织的桥横渡陡峭的峡谷吗？了解绞盘的物理性能便可以让你对摩擦力的巨大力量不再怀疑。正是摩擦力将短小的纤维组合成了又长又结实的绳子。

按照印加人祖先的惯例，每年六月在安第斯山区，被阿普里马克河（Apurímac）的急流分隔在两岸的村民会聚集在一起，花费整整三天翻新130米长的绳索桥。这座由众人共同制作的生态桥由长约50厘米的草叶编织而成。村民们割草，然后敲打草，从中择出纤维，就像制作亚麻那样。用短而细的纤维编织成足够坚固的长绳，这是把赌注都押在了编织工艺上。

1 秘鲁的奎斯瓦洽卡（Q'eswachaka）草绳桥。我们可以看到图中下方旧草绳桥的残骸。

获得纤维之后，人们将它们集中到一起，结成线，交叉编织，缠绕拧紧，得到一条条易断的短绳，再将它们每三十条连成一条长缆绳。最后，由两个村子力气最大的村民将三条长缆绳拉紧，拧成一股（图 2）。如此得到的草绳直径有十几厘米，是桥面和其他桥体结构的基础。经由原来的草绳桥，这些新草绳被拉过河谷，而旧草绳将被卸下，被阿普里马克河的水流带走，被大自然回收。

机械方面的挑战

想了解长绳编织的奥秘，我们也不必跑到秘鲁：位于滨海夏朗德省（Charente-Maritime）罗什福尔（Rochefort）的原皇家缆绳厂详细地展示了法国海军军舰上缆绳制作的必要步骤。这座壮观的建筑长度将近 375 米，建于 17 世纪，使用了近 200 年，如今变成了海军博物馆。在这里你会发现，在合成纤维出现之前，缆绳都是由长十几厘米的麻类植物纤维绳编织而成。

于是，绳索桥和海上的缆绳抛出了同一个机械方面的问题：什么样神奇的纺线原理可以让又短又易断的植物纤维变成又长又结实的缆绳呢？我们知道，用植物纤维或动物纤维纺线来制作棉布衣物或毛衣是非常古老的技术。从 6000 年前的纺锤，到中世纪的纺车，纺织业一直伴随着人类文明，甚至一度成为圣雄甘地非暴力不合作运动的象征：他亲手织布缝制自己的衣服，以抵抗英国对印度的殖民统治。

纺线的过程，就是将提前梳理好的纤维连接在一起。如果纤维细长，就用精梳的方式将纤维整理好，如果纤维是不规则的，则使用一种布满钉子的扁平梳理机完成整理。纺线就是将这些纤维聚集起来，然后用加捻（即

2 制作草绳桥长缆绳的最后一步。每根绳索均由细绳拧成，细绳则是由普通干草编织而成。

一边扭转一边牵拉）的方式将纱线无限延伸。加捻怎么能保证细线的坚固度呢？让我们从海军设备**绞盘**中寻找这个问题的答案吧。受拉力作用的缆线缠绕在绞缆筒上。缆线与绞盘的接触长度越长，需要施加在缆绳自由端的力量越小。在实际操作中，帆船爱好者会注意到，只需要在绞盘上绕两三圈，就能靠很小的力量控制帆索。然而，如果我们完全松开这个力量，缆绳将不可避免地滑动。

让我们用达·芬奇很喜欢的一个实验（图 3 左）来解释这个原理。如果想让桌面上的实体方块滑动，需要的力量就是实体方块所受垂直力的某个倍数：在方块上施加的力越大，拉动它所需的力量就越大（见“琴弓的震颤”，第 248 页）。绞盘利用的也是同一个原理。在绞盘上缠绕受拉力的缆绳（图 3 右），能产生让缆绳贴在绞缆筒上的指向圆心的力。缆绳因此不

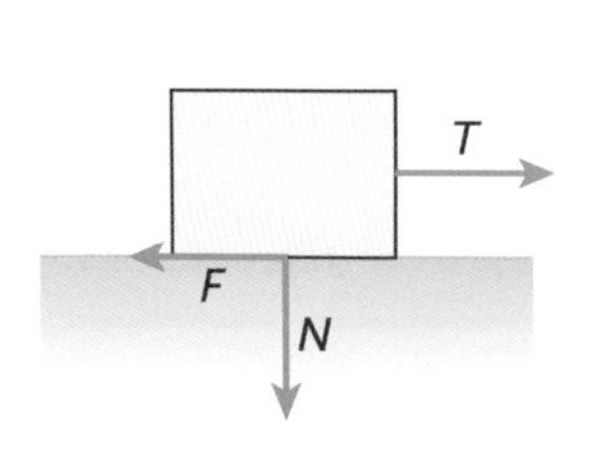

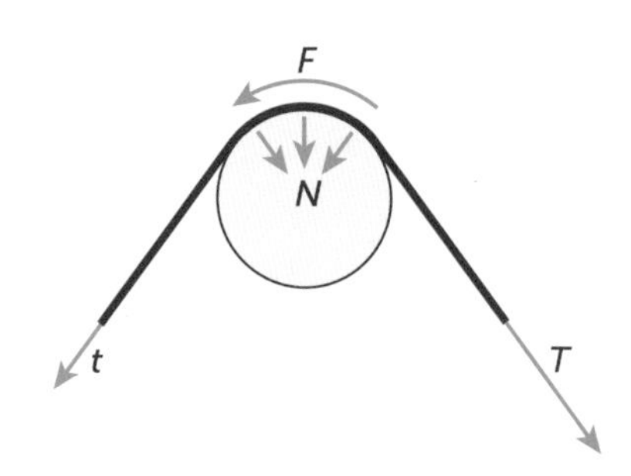

3

在左图中，只有当拉力 T 超过作用于方块上的垂直力 N（比如木块的重量）的某个系数倍，放在桌面上的方块才会移动。这个系数与接触面的静态摩擦力相关。

在右图绞盘模型中，绞缆筒上紧绷的缆绳也承受抗滑动力 F，这个力会随着船只施加的拉力 T 的增大而增大：事实上，拉力会产生一种方向指向绞缆筒圆心的力，这种力会把缆绳紧压在绞缆筒上。此时一个微小的拉力 t 就足以固定住承受巨大拉力 T 的缆绳。

易滑动。缠绕的圈数越多，摩擦力越大。更明确地说，摩擦力随圈数增加而呈指数倍增加。只需要在绞盘上绕三圈，水手用等同于 1 千克重量的拉力，就能够拉住承受 1 吨拉力的缆绳！

防滑结构

在诸如经典水手结的大多数绳结中，我们都能找到相同的原理。拉扯缆绳时，外圈的扣通过缆绳勒紧内圈的扣。正是这种压力阻碍了缆绳的滑动，也维持了绳结中的拉力。每种结都是借助类似的防滑结构确保其稳固性的。如果你去拉扯缆绳的自由端也是白费力气，它只会纹丝不动。

纺线也是利用同种原理：被捻在一起的纤维之间的压力让它们保持紧贴，限制纤维之间的相对滑动。如果线受到拉力，这个效果会放大。在更微小的层面上，纤维表面的粗糙度（比如羊毛的鳞片）或表面力（范德瓦尔斯力或静电作用）也增加了摩擦力。

4 双套结：当我们拉紧一边的缆绳时，另一边的缆绳不必拉紧，绳结也不会滑动。外侧扣紧压在内侧扣上面，防止缆绳滑动。我们由此得到了一个防滑结构。

实验

下面，我们将用生动形象的方式展示绞盘的力量。只需一个扫把柄、一根长约 1.5 米的细绳、一个重几百克且不易碎的物体(小瓶矿泉水就很合适)，以及一个比上述物体轻得多的物体（比如胶带）。

将较重物品和较轻物品分别系在细绳的两端①。确认细绳足够结实。让一位大力士水平抬起扫把柄，使其与地面之间的距离等于细绳的长度②。我们的实验就是将扫把柄当作滑轮使用，来抬起上述较重的物体。拽住重量轻的物体，然后放手③。如果实验控制得当，你会看到令人兴奋的一幕：较重物体快速下落④，然后戛然而止⑤，奇迹般地被自动绕在扫把柄上的细绳拉住了。只要绕的圈数足够多，较轻的物体就能够拉住较重的物体。

5 在绞盘上绕了四圈之后，将船帆拉紧的缆绳的另一端实际上是自由端。这就相当于实验中一整瓶水与透明胶带之间悬殊的拉力差距。

1.

2.

注意别弄瞎你这位大力士朋友的眼睛！

打褶师和裁缝：立体界的大师

裁缝是真正的数学家，对此他们自己却不自知。他们的工作充满挑战：如何用布料这种平面材料做出立体的服装？

古希腊人是长袍艺术的大师，古典时代为数众多的雕塑都可以作证。这一技术在古典时代达到了顶峰，随后又影响了文艺复兴时期和新古典主义时期。长袍即无需剪裁合身的衣物。从缠腰布到纱丽服，经历过斗篷、披肩或披风的不同发展阶段，宽大的长袍至今依然是许多国家的穿衣风格。长袍除了优雅，也为可以追溯到人类文明初期的几何问题提供了简单的解决办法：如何用平面材料裹住立体的事物，比如用布料裹住人类躯体？

1 雕塑《伽比伊的狄安娜》珍藏于卢浮宫中，狩猎女神穿着短亚麻丘尼卡长袍——古希腊宽大长袍，长袍仅靠两个裙腰固定衣形，肩部用扣针别住。这种组合造就了精妙的衣褶，让长袍看起来既轻盈又优雅。

褶皱的艺术

最容易想到的答案是什么？那就是，一种在布料上制造永久褶皱的技术——在某种意义上，就是制造出定型的长袍。**压褶**行业不怎么被大众熟知，但却是任何高级定制服装店都不能绕过的手工技术。

将两片相同的硬纸壳按照周期重复的样式折叠，就像做折纸手工那样。最简单的样式就是一排手风琴式折叠样式。然而打褶师的样式中有更复杂的图案（图 2）：杰拉德·洛尼翁（Gérard Lognon）传承了自拿破仑三世时期就创下的家族打褶手艺，可以做出几千种不同样式。

现在轮到布料登场了：布料像三明治一样夹在两块硬纸壳中间，在纸壳模具中按照既有的图案被打上褶。“三明治”整体持续几个小时被压紧、打湿然后烘干。这种方法和熨烫类似，具有双重优势：首先，这样得到的衣褶牢固，不会消失；第二，硬纸壳可重复利用来为其他布料打褶。于是，欧仁妮（Eugénie）皇后衣服上的褶皱便用这种方式出现在了现代服饰样式中。

2 将布料挤在两个折叠成讲究式样的纸壳模具中，然后将整体结构加热，我们就会得到永久的衣褶（左图或下图）。这位打褶大师拥有上千种不同的模具，以古希腊时代卷轴的方式卷放在架子上。

剪裁的艺术

让布料获得立体形态还有一种技术：将若干块布料缝在一起。史前人类使用这种技术来制作野兽皮衣服，用动物的筋将兽皮缝在一起。在旧石器时代，**针眼**的发明是人类历史上的重大进步，从此，人们可以用一根线将两块材料连续地拼合在一起。如今，裁缝需要借助十多片缝在一起的布料才能制作出贴合人体复杂形状的衣物，比如文胸或垫肩。可究竟为什么使布料贴合立体事物那么难呢？又是什么几何特性在起作用？

3

高尔夫球和薯片分别是正高斯曲率曲面和负高斯曲率曲面的例子。将它们完全贴合在一张纸上是不可能的。图中球体表面上两条蓝线表示的曲率具有同样的特征，而薯片上两条蓝线的曲率却相反。这两条曲率计算产生的高斯曲率，高尔夫球是正的，而薯片则是负的。至于柱体，如图中的锡罐，两条蓝线中有一条为直线，故而计算得出高斯曲率为零。

先说明这个问题不涉及易拉伸的材料：紧身衣或奥运会游泳运动员穿的连体泳衣是可拉伸的合成材料，可以完全贴合整个躯体。而像纸张这种不可拉伸的材料，明显是不可能贴身的：我们可以将纸质标签完全贴在红酒瓶圆柱形的瓶身上，却没办法将它完全贴在巴黎水瓶子的瓶肚上。

同理，平面的一部分如果不拉伸，则无法贴合在球体上。地理学家的地球平面球形图通过改变地球仪上的相对距离欺骗了大家！可以不变形展开为一个平面的表面可不多，两个多世纪以前，瑞士数学家莱昂哈德·欧拉（Leonhard Euler，1707—1783）总结了**可展曲面**，其中最简单的例子就是圆柱。

裁缝与数学家

应该这样说：从凸起的肩膀到马鞍形的裤裆，我们的身体被这些由其**曲率**决定的不可展曲面包裹。

曲率？如果说一条**线**的曲率我们可能还会谈到，那么一个面的曲率可就太陌生了，毕竟我们不是卡尔·高斯（Carl Gauss，1777—1855）。在欧拉的研究过去五十年之后，高斯用**高斯曲率**的概念归纳了他的成果：球体的曲面为**正曲率**，马鞍形曲面为**负曲率**，**零曲率**必然包含直线，比如圆柱体（图 3）。

高斯指出，即使人们让表面变形（而不改变其大小），其曲率依然不变。因此一页扁平的纸不可能变成马鞍形或隆起。这就是裁缝在设计衬衫肩部时遇到的问题。但为什么将几片布料组合在一起，就能得到向两个方向隆起的表面呢？

让我们客串一下裁缝的学徒。拿一张裁成圆形的纸，从中剪去一个小扇形，再将开口的两边粘在一起，我们会得到一个圆锥体，除非折叠，否则无法让这个圆锥体扁平化（图4）。裁剪和粘贴缩短了一些边的长度，因而绕开了高斯问题的限制条件，于是我们得到了一个类似于圆顶的不可展曲面。

实际上，由于**奇点**的存在，这些借助剪刀形成的结构无法谈及曲率。比如圆锥的顶点，在顶点处表面不再平滑而是出现了一个尖。法国数学家亨利·勒贝格（Henri Lebesgue，1875—1941）对欧拉和高斯的研究进行了补充，引入了这种带尖的形状，这种形状在揉皱的纸团中也存在（见“奇异的纸团”，第148页）。

我们也可以设想相反的操作，将额外的扇形区域插入一个完整的圆盘，我们就会得到一个类似马鞍的起伏曲面。这种方法被应用在多片裙的设计中：直直的裙筒被做成了向下敞开的喇叭状，修饰了身体的曲线。裁缝们懂得样式几何学的重要性，并用这样先进的数学原理，利用简单的裙裾为我们塑造出了优雅的形象。

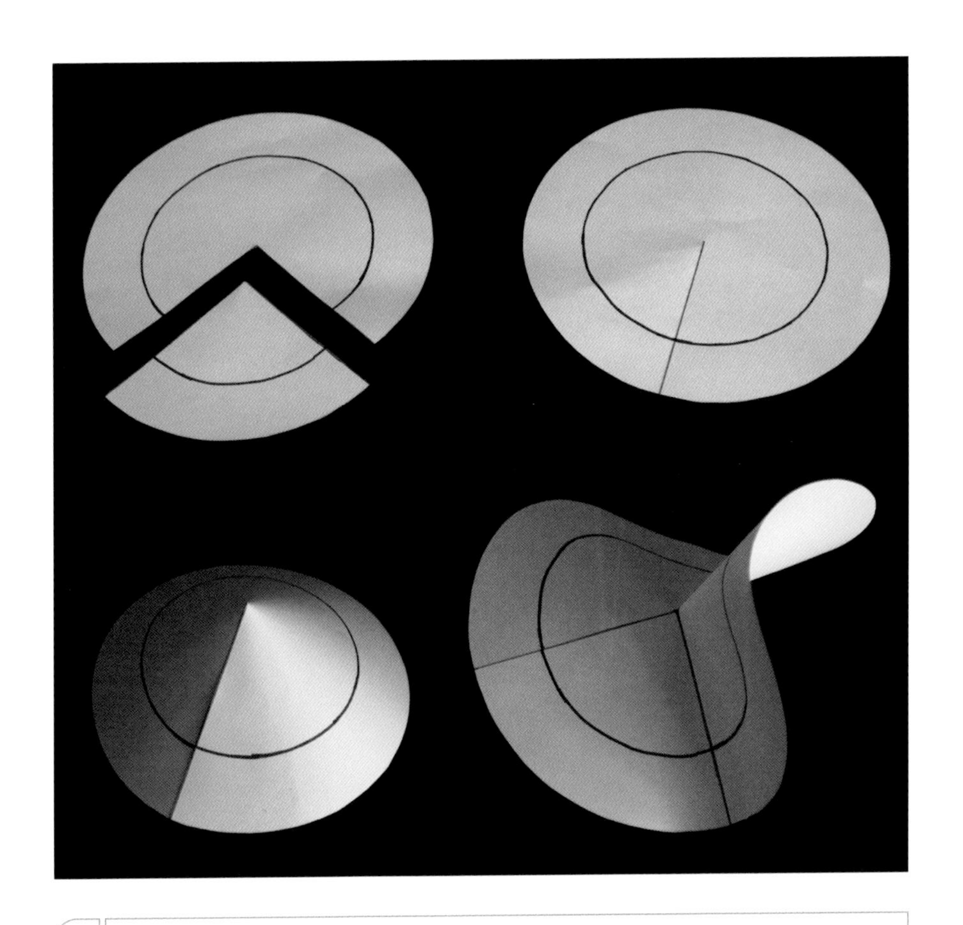

4

从圆形的硬纸板（左上）上裁下一块扇形，构成闭合的圆锥形（左下）。剪开一个新的纸圆盘，将刚刚的那块扇形插入其中（右上蓝线），便得到一个波浪状的曲面。这些通过裁剪和粘贴得到的曲面不再是可展曲面，因为它们不可能被展平。

实验

观察一个常规的足球：这是人们用裁剪和缝补构成近似球面的例证。实际上，足球由 12 个五边形和 20 个六边形构成。

桑巴荣耀是为巴西世界杯制作的足球，更有现代气息，看上去是一种几何学的挑战。它使用 6 片十字形皮面，以类似八面体的方式拼合。你可以采用如下的样式重现桑巴荣耀，只要你耐心地描摹并裁剪出 6 个十字，用小横片将其组合在一起。如果你热爱挑战，还可以尝试只用两片十字缝合成一个完整闭合的球，这样就得到了一个棒球。

5 为 2014 年巴西世界杯制作的足球，由形状相同的六个面组成。

纺织和编织

布料独特的机械特性可以挑战几何法则，而这种特性与其编织方式密切相关。如何仅用一片布尽可能地包裹住充满曲线的人体？

第一眼看到时装设计师玛德琳·薇欧奈（Madeleine Vionnet）在1920年制作的裙子，人们会想到伽比伊的狄安娜身上的裙子（见“打褶师和裁缝：立体界的大师”，第128页）。然而，二者的制作原理却大不相同，前者是以特定的**斜裁**方式制作而成的，接下来我们就说说斜裁。

1 时装设计师玛德琳·薇欧奈的手帕裙，用最少的针脚将四片方形布料缝合而成。它和古典时代的丘尼卡长袍一样朴素又简洁，但它采用了一种新颖的制作方法，利用了布料的纬纱。

编织布料

为了搞清楚这个概念，我们得明白布料是怎么织成的。在阿拉伯国家的市场上，你或许有机会看到正在运转的织布机。而历史上最精美的织布机之一保存在巴黎工艺美术博物馆中。该织布机于 1801 年由里昂发明家约瑟夫－玛丽·雅卡尔（Joseph-Marie Jacquard）发明，而它的原理一直沿用到了现在。它的独特之处是使用提花纹板控制编织的走线。这种程序编制系统事实上启发了最早的计算机的发明。

在一台织布机上，经纱平行排列。**纬纱**与经纱垂直，轮流穿过经纱的上方和下方。紧绷的纱线一根挨一根交叉，在接触点施加压力，确保织物的稳固（见“震撼人心的草绳桥”，第 120 页）。在平纹编织中，每条纬纱轮流穿过经纱的上方和下方，布料的正面和反面看起来一样。其他交叉法包括：**斜纹**，纬纱跳过一条经纱，压在两条经纱上；**缎纹**，纬纱跨过更多经纱，交叉相对稀疏，丝线更易滑动，使布料更柔软（图 3）。

美洲杯帆船赛的胜利

布料具有的机械特性很特殊。在经纱或纬纱方向拉伸是很困难的（直裁），但斜向拉伸则更容易（斜裁）。经纱和纬纱的交叉角度随着拉伸而变化，交叉形成的方形网眼变成了菱形（图 4）。这种几何变形使得织物在一个方向上伸长的同时，在与之交叉的方向上收缩，保证丝线交叉点是固定的。

据说在最初的某届美洲杯帆船赛中夺冠的美国队伍正是考虑了这个原理：为了让船帆不受风的影响变形，需要在帆的下缘处采用直裁的布料，

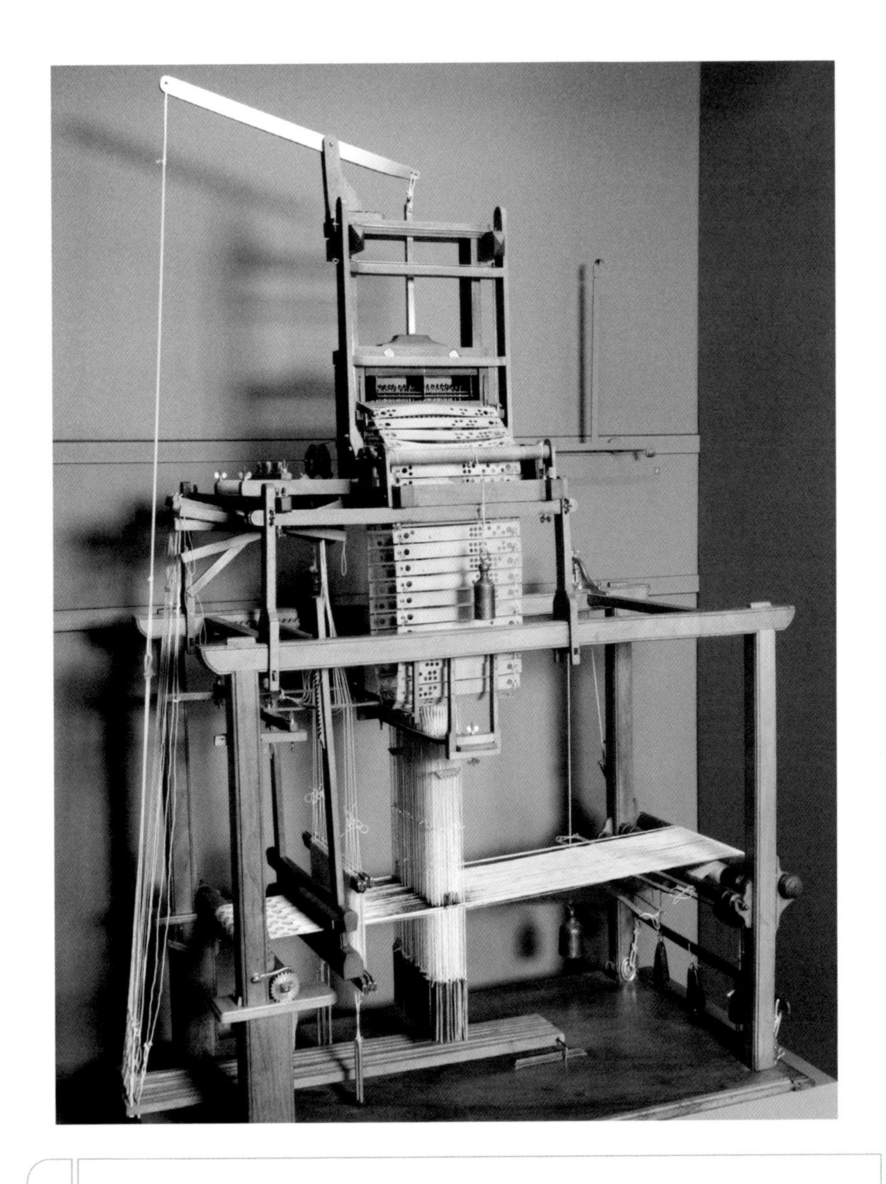

2 雅卡尔织布机。从左到右紧绷的经纱轮流被抬起，让垂直穿过它们的纬纱通过。穿孔的木板控制经纱的提起和放下，以控制整体结构。

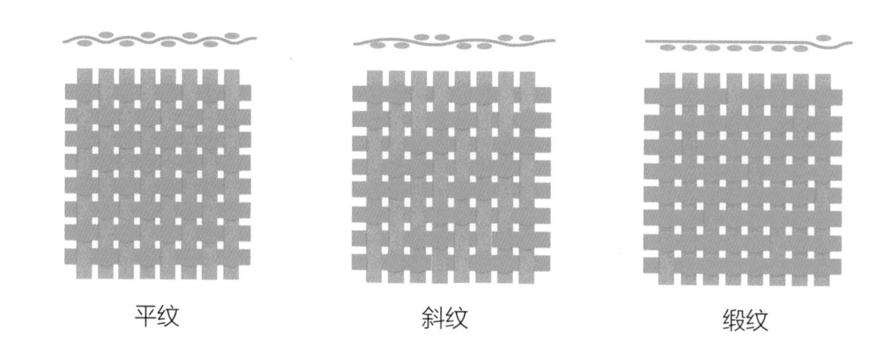

3 从平纹到缎纹，经纱和纬纱交叉点的密度逐渐降低。交叉点的减少让织物更光滑也更易于伸缩。

与英国斜裁的船帆不同。维多利亚女王目睹了第一艘到港的美洲帆船，便问英国帆船在哪里。她得到的回答大概是这样的："女王陛下，没有第二名！"① ……此后的比赛中，英国的帆船都得到了调整。

玛德琳·薇欧奈在1920年意识到，斜纹裁剪刚好具有伸缩性，而直纹则没有。她十分懂得利用斜纹的伸缩性，用四片方手帕制成一件裙子，手帕的对角线垂直于地面，在重力作用下，裙子纵向伸长，横向收窄，这样就可以自然而然地与着装者的身形服帖。这开启了高级定制服装的新时代。玛德琳·薇欧奈时装的负责人帕梅拉·戈尔宾（Pamela Golbin）强调了这个事实：正是斜裁的出现使人们实现了最初的成衣。其作品中体现的精湛技艺为这位伟大的女性赢得了时尚界欧几里得的美名。

① 美洲杯帆船赛的赛制是角逐一名最终获胜者，因此"没有第二名"。

完成不可能的任务

我们已经知道，如果不撕裂或柔皱纸张，则无法将一张纸贴在一个球面上（见“打褶师和裁缝：立体界的大师”，第 128 页）。16 世纪墨卡托（Mercator）提出的地球平面球形图只能通过极力拉伸极点、缩减非洲的视表面来实现。相比而言，裁缝要幸运些，这一点已由俄罗斯数学家帕夫努季·切比雪夫（Pafnouti Tchebychev，1821—1894）论证。在 1878 年一场于巴黎举办的科研会上，他发表了一篇名为《论服装裁剪》的论文，论文中提出了如下问题：我们可以用最基本的方形布料包裹一个球体吗？切比雪夫给出了肯定的答案：可以，至少我们可以利用斜纹布料的伸缩性局部包裹球体，只需用布料包裹一个气球就可以证明。这一结论并非只有学术意义。如今人们已懂得计算和制作出拥有**不规则**网状结构的布料，无需拉伸，便可以使布料呈现想要的形状。既然我们已经能够用计算机重现人类躯体

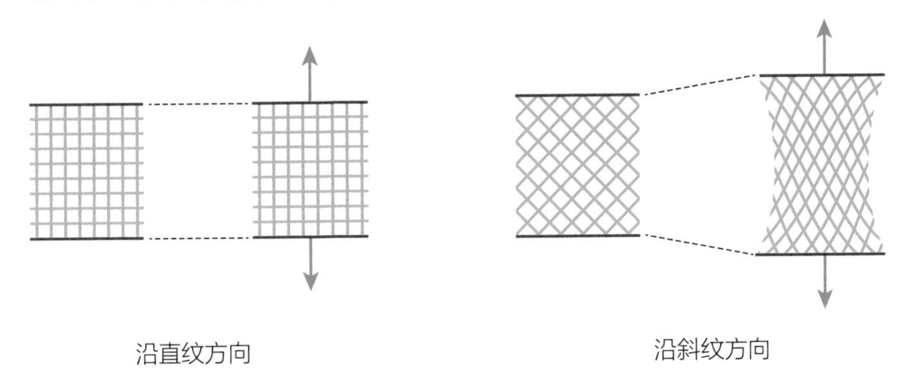

4 左图，沿直纹方向拉伸布料，布料几乎没有变形。右图，沿斜纹方向拉伸布料，布料在一个方向上伸长，在另一个方向上缩短。

的外形，那么理论上说用一块布料制成成衣不再是问题！

编织

放大来看，植物茎杆的编织物，尤其是柳条，与纺织的丝线具有相似性。较粗的茎杆会被预先浸泡，使其软化，然后再编织。这些茎杆构成支撑较细纤维的骨架，具有和布料相同的原理。这种结构也见于某些鸟巢的编织中（见“鸟族中的建筑师”，第 110 页）。

吃野生木薯

由自然纤维制成的编织品，比如扁平或瘦高的收纳筐、隔板、蝇拂，展现了各大洲独立的民族文化发展出来的祖传技术。亚马孙盆地的印第安人制作的“塞布坎”（Sebucán）是既精美又实用的植物材料编织品的出色例证。它也叫“游蛇”，是一种长约 2 米、底部封口的管状工具。印第安人用它筛选新鲜磨碎的野生木薯粉，这些粉末中含有有毒的汁液。当筛子装满木薯时，人们会借助杠杆原理大幅拉伸筛子。编织结构使被拉伸的管状筛子收窄，粉末被压缩，毒汁渗出。

这种机械动作重现了玛德琳 · 薇欧奈布料拉伸的效果，即同时伸长和变细。在现代技术中，这种伸缩原理也启发了机器人技术。通过对套有编织结构的圆柱气囊进行充气（借助压缩的空气）和放气，人们制成了可活动的人工肌肉。如同“游蛇”被填充时会鼓起来一样，当人工肌肉的气囊被填充时，肌肉长度在压力的作用下会被缩短。

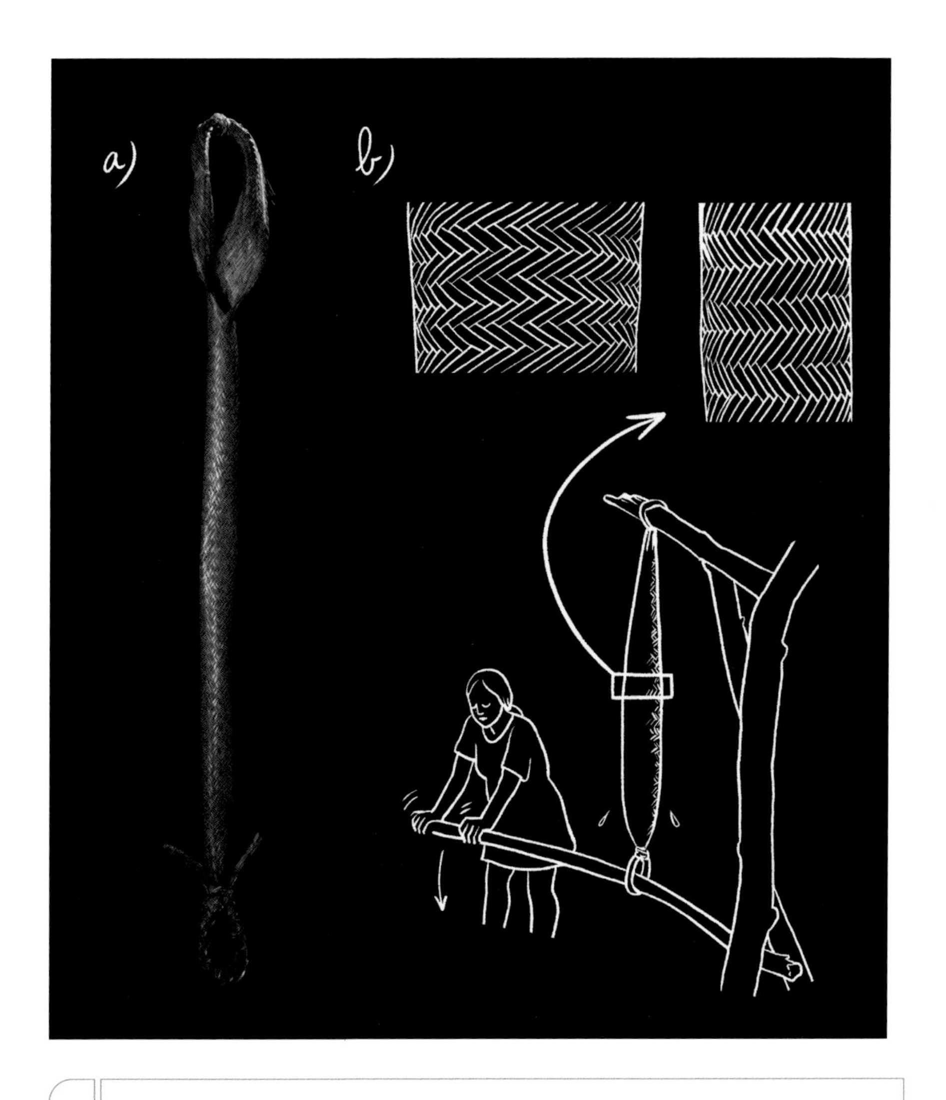

5 （a）闲置状态下的筛子，即未填充木薯之前的状态。（b）比较筛子的同一个编织部分，左边为闲置状态，右边为拉伸状态（两张图的比例尺一致）。在被拉伸的状态下容积减小（容积与筛子半径成正比）。

实验

不知你有没有玩过指铐这种玩具：将双手的食指插进蓝白相间的编织管子中，手指始终被困在其中。当你试图向两端拉伸时，管子会紧紧缠在手指上。在医学上，人们利用这种结构包扎手指，当拉扯纱布时，纱布会缠得更紧。

我们可以用四条尺寸相同的彩带制作一个指铐。先将彩带两两垂直交叉叠放，然后依图所示编织②。为此，你需要先将四条带子粘在一个作为模具的圆柱体上①。

6 拉伸套着两根食指的指铐，在不弄痛手指的程度上，编织物在伸长的同时直径变短，手指依然被困在其中。

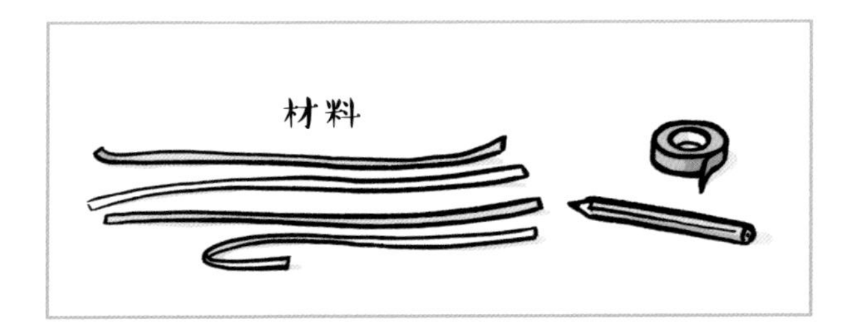
材料

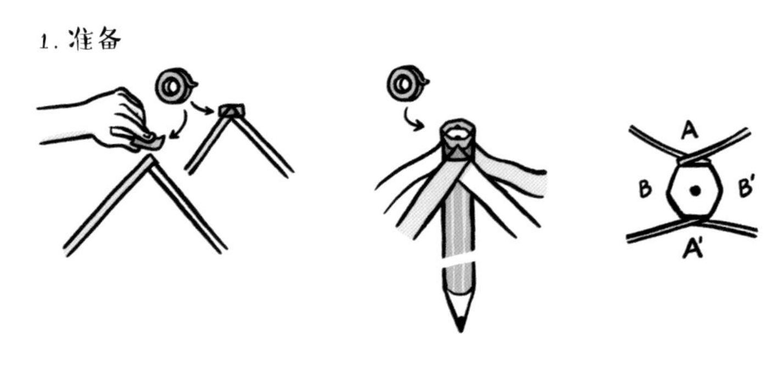
1. 准备
A
B
B'
A'

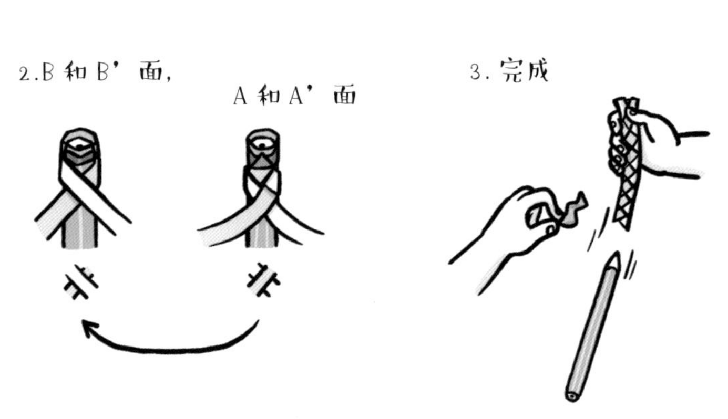
2.B 和 B' 面，
A 和 A' 面
3. 完成

奇异的纸团

纸张因其容易变形的特性已经成为艺术创作中的一种基本材料。这些创作或利用纸团杂乱的皱褶，或相反，利用系统有序的折痕。从平面到三维物体，仅仅通过折叠便可实现。

谁能相信一个纸团里包含着诸多有趣现象呢？其实，纸团的奥妙就藏在折痕里面。大多数人只关心从壁橱中拿出的一件皱衣服。然而，优美的手工折纸和画家西蒙·汉塔伊（Simon Hantaï，1922—2008）的作品足以证明，折痕并不是坏事。恰恰相反，艺术家会在褶皱的布料上涂上颜料，然后展开布料。被折叠的空白区域排列错综复杂，如同一幅绚丽的抽象作品。

1 《习作》，西蒙·汉塔伊，1969。在随意折叠的布料上涂上蓝色。打开布料之后，折痕处的不规则图案被空白突显了出来。

永久性的褶皱痕迹

这些美学研究背后的主题显然是折痕的物理性质，我们在讲衣褶的时候（见“打褶师和裁缝：立体界的大师”，第 128 页）已经了解了它的数学知识。此处以书信为例：为了将一大张纸放入一个小信封，你需要在折叠处使劲按压才能让折痕印在纸上。但你可能在寄出这封信之前反复修改，却没有注意到这个看起来相反的事实：当你开始把草稿纸揉成纸团时，不需要直接按压，折痕很快就出现在了纸上。为何纸张在变成纸团之初就受损了呢？

答案很简单，因为纸张一旦被在一个方向弯曲就很难再在另一个方向弯曲。请你做个实验，轻轻地把纸张弯成弓形：现在试着在垂直弧形的方向折叠，你没法在不损伤纸张的前提下完成折叠。如果你继续施力，最终会形成折痕，在纸张上划分出近乎平坦的区域。最终，被完全揉皱的纸张就如同一块碎格子印花布，每个格子的弯曲方向都各不相同。纸张遇到的几何难题集中且具体地呈现在了这些小格子，即折痕上。

还有一件怪事：如果我们重新展开揉成纸团的纸张，相比最初的光滑纸张，皱巴巴的纸张在受到重力作用时更不易弯曲。实际上，我们上述所说的所有随机形成的局部弯曲（小格子）在各个方向上增加了纸张的抗弯强度。揉皱的纸张也更容易拉伸，因为褶皱中储存的多余长度很容易被释放。

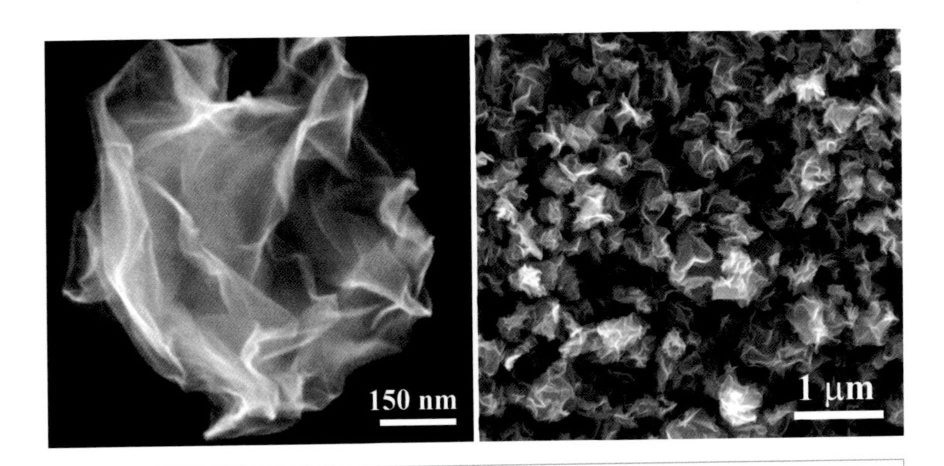

2 左图为一个被揉皱的石墨烯纸团；右图为聚在一起的多个石墨烯纸团。它们的表面积与体积之比远超过其他材料，未来可能会被用作燃料电池的催化剂。

石墨烯纸团

褶皱的这种独特的机械特性引起了众多物理学家的兴趣。一些物理学家甚至致力于研究最薄的纸——**石墨烯**纸。石墨烯纸仅由单层碳原子构成，而碳的厚度为百亿分之一米，是头发丝直径的百万分之一！与石墨烯纸的厚度相比，这些石墨烯纸的机械强度大大超过传统材料中的佼佼者。如今，人们正在研究将石墨烯的电子性能和机械性能结合起来，设计出新的组件或传感器，它们将来可能会出现在我们的智能手机中。

将这些极薄的石墨烯纸放入某种溶液中，它们会在毛细力的作用下缩成一团，溶液会逐渐蒸发。

尽管它们看起来和纸团很像，但这种非比寻常的材料呈现出的新特性才刚刚开始被人们研究。这些因褶皱变硬的纸团一个挨一个，形成连续的平面。这些平面由于含锂而被当作电极使用。在总量相同的情况下，这些平面的能力远远超过今天我们在锂电池中使用的任何材料，因为其传导面积大、渗透性强，且对金属离子有亲和性。

玩转褶皱

为了理解并玩转褶皱，物理学家着手于在皱巴巴的纸张上找到一个众多褶皱汇集的点。如何找？一个简单的构造方法是，将纸张平放在玻璃杯上，并用铅笔尖按压纸张的中心。纸张会在边缘处产生起伏，无法完全贴合在玻璃杯边缘上（图 3）。我们由此得到了一个略奇特的圆锥。

在圆锥的顶点处，纸张局部变形得很厉害，受到了不可修复的损伤：铅笔的轻触通过几何集中作用无情地损坏了材料。不过，比起拉扯更大面积的纸张，牺牲一个点显然更划算。

在柔皱的纸团中，这些汇集点很多，它们被折痕连接在一起，折痕之间也相互连接，使得纸张在我们手中皱成团。然而，这些褶皱的脊线有一定的硬度，限制了纸团的密实度。而且，褶皱随机的结构产生了很多重叠和空白区域。这就是为何行李箱里仔细折叠的衣物比随随便便堆成一团的衣服占的地方更少。

3 当我们想把一张柔软的纸连续地紧贴在玻璃杯的边缘，纸张必定会产生褶皱，褶皱会止于一个点。还有一种方法是取出一部分扇形再粘在一起，我们在第 135 页介绍过。

折纸艺术中的数学

折纸艺术完全利用了这些特性，通过仔细地组织褶皱的结构来制作实体纸雕塑。近来，数学家甚至发展出了奇特的算法，用以确定褶皱的几何特性，无论它们最终会形成什么样的三维外形，就像图中的兔子（图 4）。这些技术也让工程师感兴趣。水手们会仔细折叠船帆，将其收入船上的甲板井中，跳伞员会亲自整理降落伞，而航天器的设计师则要解决在飞行阶段折叠太阳能板的问题。日本天体物理学家三浦公亮从自然界中获得启发，模仿千金榆叶子的展开过程发明了结构紧凑的周期折叠方法，人们将其应用在了太阳能板上。

折纸和褶皱其实是同样的几何应力的两种类似的表现方式，有些人，比如艺术家文森特·弗罗德勒（Vincent Floderer），毫不犹豫地将两者结合在一起，连接有序和无序，形成复杂而优美的结构，他也受到了生物形状的启发（图5）。

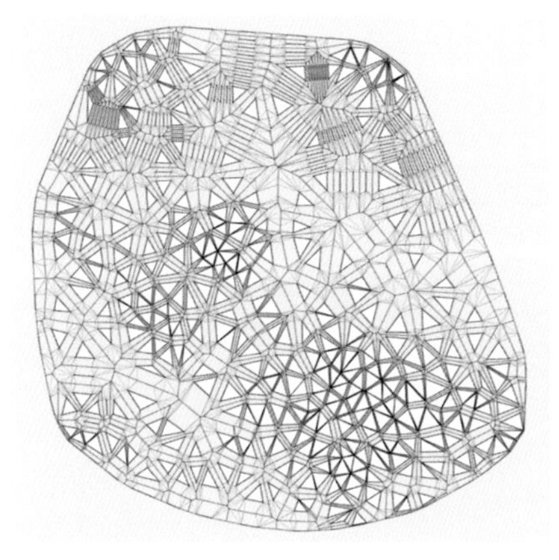

4 看明白折纸过程中产生的图案（左图）相当困难，遵循折痕的几何规则，我们居然得到了一只兔子！

5

《荷叶边》，文森特·弗罗德勒。这些褶皱是在极薄的纸上围绕几个精心选定的点用力折叠后得到的。重新展开之后，这些有组织的朦胧形状以优美的方式将有序和无序结合在了一起。

实验

让我们的探索更进一步吧。用双页报纸做一个巨大的纸团，接着用单页、半页、四分之一页，以此类推，用面积减半的报纸制作新的纸团。现在估计它们的平均直径。纸团的大小会和一个实心纸球一样吗？如果是，那么纸团体积增大的倍数应该是其直径增大倍数的三次方。也就是说，将原报纸纸团增大到 8 倍（也就是将报纸的平面面积增大到 8 倍），半径应该增大到 2 倍。

实际上，大纸团相比于小纸团而言，紧密度更低，因此半径比预计增大得更快。这样我们就能理解纸团被归类为分形物体的这一惊人论断，即，纸团具有大小介于平面二维和立体三维之间的特征。针对热衷数学的读者，墨西哥的一组人员估计了纸团分形的维数在 2.27 ± 0.05。我们用免费的日报得出的数值是 2.45 ± 0.05。你呢？你得到的是多少？

你愿意接受挑战吗？你认为人们可以用一张纸折叠多少次呢（仅用人力）？试一下，你很难连续折叠超过 7、8 次。世界纪录似乎是用一条细长的纸折叠了 12 次。

这是本书最轻松的实验。

从沙粒到玻璃

位于马里的杰内（Djenné）大清真寺是土坯建筑的杰出代表。这种技术十分环保，只需就地取材。如果不进行定期维护，建筑将会坍塌，回归原始的沙粒构成物状态，类似我们小时候堆的松散沙堡。然而，沙粒材料并非总会走向坍塌，实际上它在我们周围的坚固材料中占据了重要地位：混凝土、陶瓷，甚至玻璃！让我们一起去探寻这其中的奥秘吧。

一沙一世界

沿着海岸散步足以让我们记起，我们所在的星球表面很大一部分都被沙子覆盖。如何解释这些沙子来源的多样性？其路径是什么？让我们带上放大镜去研究一番吧。

令人震惊的沙粒

加利福尼亚州的玻璃海滩是一片神奇的地方，它见证了大自然是如何掩饰了人类的失职。这片如今的旅游胜地曾是一片灰暗的露天垃圾场，其中乱七八糟地堆积过汽车、电磁仪器、碎玻璃、餐具等等，直到当局在20世纪60年代决定清理场地。废铁商回收了金属零件，而海浪通过将碎玻璃

1 在加利福尼亚州令人啧啧称奇的玻璃海滩上，这些玻璃沙粒见证了历史：这里曾经是一片垃圾场。

和碎陶瓷片分裂为小块并打磨光滑，将这些危险的碎片变废为宝。几十年后，这种冲刷造就了一片多彩的沙滩，获得了游客的青睐。

在大自然中，颗粒物堆积的地方并非只有海岸和沙漠。只需在河边或田地里漫步就可以看到，这些微小颗粒构成的风景无处不在，且多种多样：沙粒是继空气和水之后地球上最普遍的物质。对于有心人来说，沙粒拥有漫长丰富的历史。诗人威廉·布莱克（William Blake，1757—1827）渴望达到“一沙一世界，君掌盛无边”的境界。这些沙粒的过去是灰尘、岩石或沉积物，如今则是塑造它们的历史的谦卑见证者。

流浪的沙

抓一把沙子在手中，让你的思绪流浪一会儿……它的质地已足以说明一些信息。光滑度很高的沙粒会从指间流走，这是因为它们被河水，或被近海潮起潮落的海浪不断冲刷打磨。而粗糙有棱角的沙粒则相反，是在旅途中相互冲撞而成的。

同一个拳头中的沙子也能通过其外表体现出不同的地理渊源。例如，某些半透明的沙粒由二氧化硅构成，它们可能来自砂岩分解。砂岩本身则是海底沉积的固体颗粒在漫长的时光里堆积形成的。这些沙粒也可能是一块巨大岩石的分解物，呈现长石、石英和云母的多种晶莹色彩。塔希提岛海滩的黑沙提醒我们它们来自火山——这对游客而言有时意味着痛苦：玄武岩沙粒吸收阳光，发热，烫脚……

白砂呢？白砂通常是由生物（软体动物、珊瑚、有孔虫目）的骨骼或贝壳形成的。有时，它们矿物外壳的整体结构呈现出完好无损的样貌。它们往往引人惊叹，比如人们在日本冲绳海岸看到的星星沙（图 2）。在当地的传说中，这些小沙粒是北极星和南十字星之子，被一条海中巨蛇攻击，只剩下搁浅在岸边的骨骼……这让我们感受到了自己的渺小，因为无论是这些美丽的有孔虫目抑或人类，都只是“星尘”。

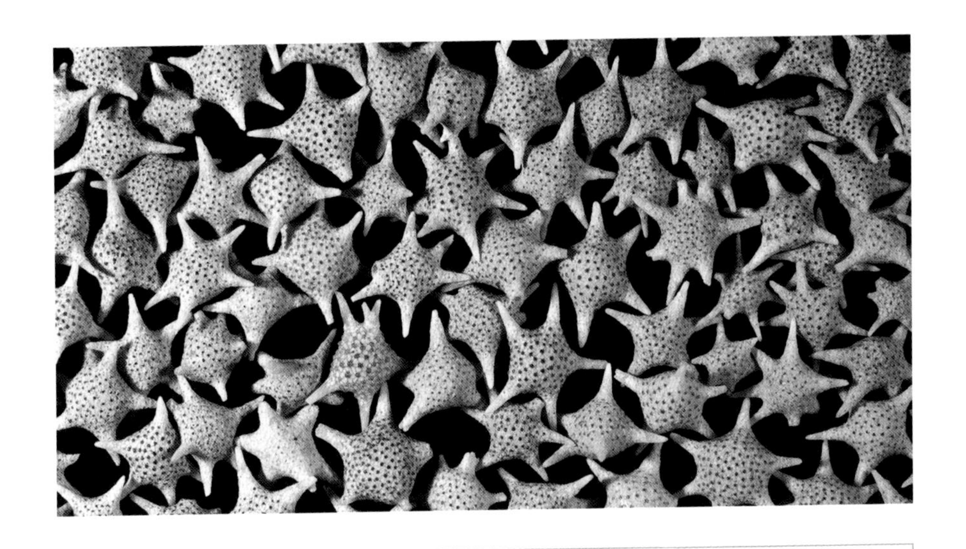

2 从日本冲绳海岸采集的白砂样本。这些几毫米大小的星星沙仅由有孔虫目的矿物外壳构成，是这种奇妙海洋生物的遗存。它们有几条细小的手臂，可以帮助它们移动或进食。

3 这些土层讲述了地底的历史。开始是极薄的褐色层，含有丰富的腐殖质，孕育生命。这一层包括黏土，是土坯建筑的基础（见“土坯建筑”，第 178 页）。相继的地层性质各异，由历史上被磨蚀的岩石物质构成。

土壤颗粒

另一种颗粒呈现出的质地和颜色的多样性比全球海滩所呈现的还要多，那就是土壤表面层的构成（图 3）。这次我们可以从一层层平行的土层上欣赏到形状和色彩的变化。如果我们开启朝向地心的一趟短途旅行，我们会看到什么？首先是土壤——一层薄薄的肥沃腐殖土，植物扎根其中。在地球的不同位置，其厚度从几分米到几米不等。腐殖土层来自于基岩相当漫长——有时需要好几个世纪——的蚀变，毋庸置疑是地下生物的大本营，其中孕育了无数细菌、植物、真菌、昆虫、蠕虫、鼹鼠等等，它们共同构成了一个生态系统。

再挖深一点，我们会看到由黏土或颗粒更细的沉积物构成的底土。更深处，底土通向基岩，基岩的性质多种多样。比如，我们在巴黎和阿基坦地区地下发现的沉积物告诉我们，这些盆地曾经位于水下！而中央高原的玄武岩则是其渊源火山的见证。

人工颗粒

建筑物的建成经历了从“微小”到“庞大”的过程：正如一座沙堡是由几十亿沙粒构建的（见“沙堡的奥秘”，第168页）。但如今自然的沙资源看起来十分有限，沙子又不是轻易可再生的资源，因此我们需要辛苦地重复大自然的持久工作：用巨物制作“微小”材料。这项工作由采石场的碎石机完成，即将岩石碎成砾石和沙子。或者由水泥厂的碾磨机完成，这些略微倾斜的长滚筒会慢慢碾碎**水泥熟料**中的坚硬颗粒，水泥熟料是由石灰石和硅石混合物焙烧得到的。在面粉厂中，小麦粉的研磨同样令人印象深刻。地球上每个居民每年平均要破碎一吨材料，然而，这些破碎过程却并不怎么高效。用于破碎固体的大部分能量因摩擦力而变成热量，因此简单的破碎却消耗了地球上极大的能量。这就需要工程师们去研究如何找到更省时省力的方案。

实验

如何从土块中筛选出大小不同的颗粒？你可以让土块经过一系列越来越细的滤网，每次将留在滤网中的沙粒放置在一旁（在图 4 中，我们分别用了 20 毫米、10 毫米、5 毫米、2 毫米和 1 毫米的滤网）。首先留住的是大块砾石，然后是沙子，最后是黏土。

另一个方法常常被淘金者使用，其原理是沉积作用。在空果酱罐中倒入几厘米高的土，然后倒满水①。盖住果酱罐并摇动它②③，然后静置待水澄清。大颗粒沉淀物很快沉底。随后逐层叠加，颗粒级别越来越细。而极细的颗粒几乎无止境地悬浮着，使水呈现浑浊的状态④。这一现象和你在表面清澈的湖中游泳时看到的现象一样：因你的游动产生的旋涡搅动并扩散了沉淀物中的细小颗粒，你就这样搅浑了一池水！

4　将一块土坯层层筛选，我们可以看到不同构成颗粒的大小和占比：碎石、砾石、沙、黏土，它们都来自远古的冰碛。

材料

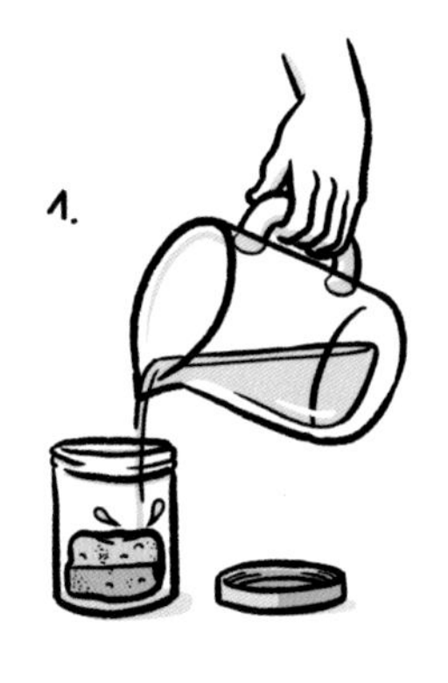
1.

2.

3.

4.

沙堡的奥秘

仔细看看用沙子筑成的建筑，它们难道不值得惊叹吗？沙堡的坚固体现了沙粒和水之间毛细力的作用，即液体如何产生和黏合剂一样的效果……

我歌颂不久前
英勇的孩子们之间的战争，
在海滩上为保卫沙堡而战，
这些不可逾越的壁垒
一个海浪就可以卷跑。

乔治·布拉桑（Georges Brassens），《沙之堡》

1	这座沙堡筑于科帕卡瓦纳海岸。精心雕刻的结构得益于水与沙粒之间的吸引力而屹立不倒。

用一个底部带锯齿形凹槽的水桶做出城楼、高墙、战壕……这就是我们记忆中童年的沙堡。比起当今巴西科帕卡瓦纳（Copacabana）海岸或其他地方的沙雕艺术家，我们的这些作品实在粗糙。他们构筑出的精美的拱形和悬垂的线条，仿佛在挑战重力定律。

面对这瞬息即逝的建筑，物理学家自问：它们是如何屹立不倒的呢？当然是因为有水——小孩子都知道。淡水还是咸水？什么水都可以。我们可以用油或其他液体代替吗？当然可以，沙子的黏附力不会被破坏。需要一点水还是很多水？不要太多，只需使沙子潮湿即可。但这种把液体变成黏合剂的力量究竟是什么呢？

物以类聚

从一个相当宽泛的意义上来说，同分子相吸。正是因为这一特性，物质没有全部局限于气体，也存在分子密度更高的形式——液体和固体。公元前 1 世纪，哲学家卢克莱修（Lucrèce）想象物质的原子带有钩子，它们是相对坚固的。以这种角度看事物（它导向了“钩状原子”的说法），物质是通过彼此间的联系结合在一起的材料。两千年之后，20 世纪的科学发展某种程度上确认了这个天才的预感。

我们可以这样想象：液体或固体表面的分子向接触面的外部挥舞着拳头，想要拉住另一个与其有亲和性的分子。而实际上，这涉及相距较远的分子间的力量。

从逻辑上讲，两粒干沙子在其接触点是应该黏在一起的。然而，虽然这种附着力存在，但由于颗粒是固体，无法变形与其相邻颗粒的外形契合，因而二者之间的接触面极小。现实中，一旦沙粒的大小超过灰尘的大小（典型的是几微米），重力就足以战胜这种微弱的作用力。

滴水成桥

要想在两粒沙之间架一座桥，一滴水便可以部分地解决问题（图 2）。实际上，液体可以变形以契合任何颗粒表面的凹凸形状，很大程度上增加接触面。由此产生的吸引力被称为**毛细力**。正是这种力将我们潮湿的头发粘在一起（见“湿漉漉的头发”，第 100 页）。毛细力的强度不大，但对于几十厘米高的沙堡来说，已经足够抵抗其重力了。

2 将两个弹球浸湿，可以更直观地看到水桥。水桥联结了两个弹球，也联结了沙堡中的沙子。尽管它能确保海岸上小型建筑的稳固，却无法承受小学生弹球的重量。

作用在两颗粒之间水桥上的力与桥壁的曲度相关，即和水与空气分界面的曲度相关。在水桥的例子中，接触面向内弯曲，说明水桥内部的压力小于空气压力。这种压力差是颗粒间的引力所形成的吸力造成的。

水桥的体积变化会对毛细力造成惊人的影响：体积增大，毛细力非常迅速地增加，到达一定值后保持不变，然后逐渐下降，直至颗粒完全浸入液体中便彻底消失。也就是说，没有分界面就没有毛细力。在最理想的状态下，毛细力与颗粒半径成正比，然而水桥的重量却与其半径成立方倍数比例。由此得出结论：对于大颗粒，重力会迅速占据上风……想用大砾石搭建沙堡注定会失败。

沙粒城堡

筑一座沙堡归根结底需要仔细的原料配比。要选足够细的沙子，将其弄湿，以构建最大的毛细力桥。但也不能太湿，因为这会让这些桥相互聚集，令其效果大打折扣：水分太大的沙堡终将坍塌！另外，你注意过吗？在低潮期，距离海岸线较远的沙子干燥稀松，越靠近海水处沙子越硬，最终在海岸线附近又变得柔软。

水仅通过自身的存在状况便能影响细颗粒状材料的坚固程度。因此，当涉及潮湿土壤的密实度和黏合度时，湿度在土木工程中是至关重要的因素。和公共工程的工程师一样，筑沙堡的人试图掌控的就是这个确切比例。如果没有水润湿这些沙粒呢？这个荒唐的想法来自玩具商：他们发明了一种神奇的疏水性沙子，将这些沙浸入水中，它们依然能保持干燥状态。如果说在西班牙用这种奇特的沙子搭建城堡是白日做梦，那么相反，在海底

3 左图为常规沙堆，加入大量水会不可避免地引起它的坍塌。右图为由疏水性沙粒组成的“神奇”沙堆，可以完全浸入水中。和海岸上的沙堆相反，疏水性沙堆一旦脱离水，就会瓦解。

建起一座幽灵城则完全有可能！实际上，浸湿的颗粒被一层空气外壳包裹，确保了整体不会松散。这种效果对巧克力粉制造商而言是极大的障碍，由于同样的原理，巧克力粉在遇到牛奶时会结成块。研究人员为解决这一问题制定了瓦解这些水下堡垒的策略。

土壤和混凝土

与海滩上的沙子相反，土壤和混凝土一旦干燥就会变得十分坚硬。这些颗粒状材料中还有什么别的成分吗？在混凝土搅拌机中搅拌的颗粒和湿沙很相似，但工人们在其中增加了一个重要的成分：水泥。这是一种极细的颗粒，在凝固之后起到胶结硬化的作用。在土壤中，起同样作用的是黏土颗粒。然而，沙堡的物理特性能帮助我们预测这些材料在被塑形时会有怎样的表现（见“液体石头：混凝土”，第 186 页）。

因此沙堡建筑师的艺术对于混凝土制造商或土壤农艺学家来说至关重要。

4

图为相同条件下，干燥表面（左图）和潮湿表面（右图）沙堆的形成。毛细力吸起的水给了沙子必要的内聚力，防止沙堆的坍塌，从而形成了高耸的柱状结构。

实验

用一只装满沙子的漏斗在茶托上浇铸出一个沙堆。随着沙堆的不断坍塌，沙子在其上堆成了一个圆锥，这是再平常不过的现象了①。

现在，向茶托底部倒一点水后，再重新做这个实验②。汇入已成形沙堆的干沙子很快被水浸湿，水给沙子带来极强的内聚力，使沙堆免于坍塌。于是，你会先看到湿沙形成的细高柱体结构③，接着，当高度太高时，柱体上便会出现裂缝（图 4）。

你的沙柱达到了多高？它的高度和沙粒大小是什么关系？

材料

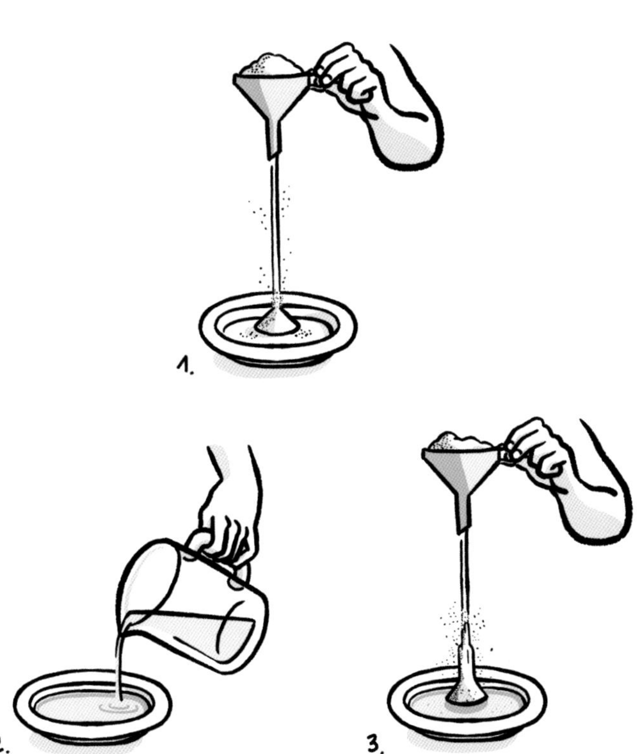
1.
2.
3.

土坯建筑

土坯建筑拥有非凡的性质，其特征不仅被诸多种类的动物注意到了，就连四分之一的人类都居住于其中。它们为何如此坚固呢？它们是否能成为可持续发展的解决方案？

古美索不达米亚的塔庙、法尤姆（Fayoum）的金字塔、摩洛哥古堡、马里或布基纳法索带木桩的清真寺……这些建筑因其独特的建筑风格令人震撼，在人们的心中激起一种深刻的和谐之感。这正是因为，它们是由土建造的。土坯住宅常常完美地融入乡村风景中，它充分利用了周边环境中的天然材料。

土坯建筑不仅耐久，而且坚固！你知道位于也门希巴姆（Shibam）的世界上最古老的摩天大楼之一（可以追溯到 16 世纪）是由土坯建造的吗？你知道在中国北部盘踞六千多千米的长城，它有一部分是由层层堆叠的植

1 也门城市希巴姆的摩天大楼，是世界上最古老的摩天大楼之一！

物纤维和土壤制作的材料构成的吗？这种混合材料有的利用了当地资源，同时节省了该地区稀少的水资源。尽管长城从若干个世纪以前建成之时至今，一些局部已经损坏，但它一直是世界上最伟大的建筑之一，具有令人惊叹的坚固程度。

八层大厦！

这种建筑风格经历了漫长的历史，有许多土坯建筑乃至完整的街区已被纳入了世界文化遗产。它们通常是祭祀场所，或诸如集会广场、市场这类承担社会功能的地方——或许正因如此，它们才能世代留存。被喻为“沙漠中的曼哈顿”的希巴姆古城拥有高 30 米的八层土坯建筑，也被列入了世界文化遗产（图 1）。

虽然风吹雨打会缓慢地侵蚀世界上的一切，但战争才是真正的敌人。对也门萨那（Sanaa）摩天大楼的轰炸可谓是人类疯狂破坏性的悲惨例证，同样惨遭破坏的还有 16 世纪建于波斯尼亚苏莱曼一世时期的著名莫斯塔尔（Mostar）古桥。幸运的是，人们用同质的材料重新建造了这座桥，尤其值得一提的是其中的含有马鬃的灰浆，以及用于增加这些不同构建物间附着力的蛋黄！

土材料

要想欣赏土坯建筑，没必要跑到异国他乡，在你眼皮底下就有。实际上，据估计，如今全球四分之一的人口还居住在此类建筑中——包括 15%

2 这栋建于 2008 年中国汶川大地震之后的建筑获得了国际生土建筑奖。它受到 15 世纪福建客家人建造的传统集体房屋土楼的启发。

的法国建筑遗产。即使受灰浆的限制，这个百分比看起来也很小……许多建筑技术的发展都得益于对当地资源的利用。黏土取材于一种土壤，含有大小不同的沙粒（见“一沙一世界”，第 160 页）和黏土颗粒。将这种混合物在模板中压实，就得到了纯天然的混凝土。**砖坯**就是这样经过模具塑形后干燥的产物，用于垒墙。柴泥由黏土和植物纤维构成，应用于木质结构上，是我们古老住宅的**木筋墙**的关键。

研究这些技术并非厚古薄今，这些研究启发了诸多建筑师，用土作为建筑材料如今看来是人类文明的一种出路。由几个非政府组织共同设立，并得到联合国教科文组织承认的国际生土建筑奖，即旨在鼓励为生土赋予价值的当代建筑师。最近的一个例子是中国马鞍桥村的重建（图 2）。这些重建的建筑让人们想到中国南方的集体房屋——建于五个世纪以前的土楼。土楼服务于整个社区的居民，它的优势不仅是美观，而且经济、环保。

正确选择沙粒

哪种成分确保了生土建筑的稳固呢？首先，需要将其视为具有从石块到细沙诸多颗粒级别的混合物，颗粒大小需要被精确控制。例如，其中的小颗粒用于降低结构的孔隙率，限制潮湿土壤毛细力的吸水能力。

添加纤维有利于加固结构。莫斯塔尔桥的灰浆中加入了马鬃，大麻纤维和麦秆则是更普遍的加固材料。这些纤维除了能增加机械强度，还对调节住宅温度起到了重要作用。

还有水。在土制“干”墙的黏土中，有一小部分水化身为毛细力桥，起到了黏合颗粒物的作用（见“沙堡的奥秘”，第168页）。然而，我们可不是要盖一座干燥后就会坍塌的沙堡！没有黏土这最后一个重要的成分，以土为材料的建筑是不可能持久的。黏土的样子就像显微镜下的血小板一样，一个垒在另一个上，确保水蒸发后仍能牢固地黏合。尼罗河沿岸的早期建筑和美索不达米亚的新月沃土就是得益于靠近地表的黏土层，黏土分布在地下或河床上。

动物世界的希巴姆

用土作材料可不仅仅局限于人类，许多动物也采用这种建筑风格。比如，海里有一种多毛纲蠕虫会用沙子建造蜂窝状的居所，它们分泌的黏液能确保该结构牢固地黏合在一起。它们构成了在海岸上占据好几亩的礁石，例如圣米歇尔山海湾。白蚁也能用土建造几米高的“大教堂”，带有塔楼和精致的通风烟囱。

这些小虫是真正的室温调节专家，会将极细的黏土与矿物或植物碎屑搅拌起来使用。得到的材料具有极佳的特性，人们于是将这种白蚁穴黏土用在了一些传统陶瓷原料或灰浆配料中。不知未来的人类建筑师是否会受到这些卓越建筑的启发，发展出仿生生态住宅呢？

3　这些自然界中被我们称为生物成因的塔楼，是用生物消化后的木头建的。在干燥的环境中，这些建筑具有自然地调节内部温度和湿度的作用。很多昆虫学家和建筑师都对此十分感兴趣。

实验

你也可以打造沙粒建筑，用沙堆进行抗坍塌测试。为此，你需要用不同的建筑材料做出大小相同的沙堆，对比湿度不同或颗粒大小不同的沙子。也可以尝试用纤维加固，比如松针。

你喜欢挑战吗？试着用若干 1 厘米厚的沙层填满一只水桶，沙层之间用湿纸分隔开①②③。在由此得到的结构上叠加重物，一个直径 10 厘米的沙堆层应该可以承受十多公斤的重量！

4 这个干沙堆由在杯子中层层压实的沙子和短纤维混合物制作而成，就像建造黏土圬工那样。它能够轻松地承受 10 千克的重量。

材料

1.
2.
3.
重复上述步骤N次
纸

液体石头：混凝土

混凝土在很长一段时间里都是建筑界被诅咒的孩子。然而，这种灰色物质背后藏着不为人知的科学壮举。几乎没有任何一种材料可以在这么短的时间里有这么大的发展。一些当代建筑家对此了然于胸，并十分认同这种液体石头的性能。

追溯到罗马帝国时期的配方

不参观万神庙的罗马之行是难以想象的。那令人震撼的直径 43 米的混凝土拱顶是古希腊和古罗马时代最大的圆顶之一。我们很难想象这座哈德良（Hadrien）皇帝时期的建筑一直原样使用，至今已经有二十个世纪了！在此之前，人们已经将石灰和黏土的混合物与沙子搅拌在一起，制作石灰水泥。但直到添加了一种产于当地的火山灰，这种混凝土才具有了非凡的

1 罗马万神庙的混凝土大穹顶已经矗立了二十个世纪！在半球形圆顶顶部，直径将近 9 米的圆窗使得光线可以透进建筑物内。

特性。

这项被应用于诸多建筑中的惊人工艺被记录在了公元前 1 世纪罗马建筑师维特鲁威（Vitruve）的《建筑十书》中，然而随着罗马帝国的衰亡而失传了，唉！直到十五个世纪以后，这种方法又被法国发明家路易·维卡（Louis Vicat）重新发现并进行了改善，于 1812—1813 年发明了在水中凝固的水泥。但现代混凝土的配方要归功于英国人约瑟夫·阿斯普丁（Joseph Aspdin），他与维卡生活在同一时代。阿斯普丁为水硬性水泥(遇水凝结)申请了专利，并写下了“波特兰”水泥的制作方法，成为了世界参考标准。

“脏、重、糙”，混凝土背负着这样的差评。对此，使用超过 1000 万立方米混凝土建造的丑陋的大西洋壁垒，或者诸多战后速生建筑恐怕难辞其咎！为其负面形象雪上加霜的是混凝土的碳足迹：水泥的制作十分耗费能源，几乎贡献了全球 10% 的二氧化碳排放量。当然，每年使用的数十亿立方米混凝土中，有一部分材料是可以被可再生的自然材料代替的（见“土坯建筑”，第 178 页）。但若因此就放弃混凝土则忽略了一个事实：借助现代科技，混凝土可以建造任何大胆的建筑。这种材料为美化诸如罗马这样的首都城市做出了卓越贡献，罗马的别称“永恒之城”也部分得益于混凝土。那么我们是否可以为混凝土平反？

混凝土的缺陷

普通的混凝土有诸多不足之处。它的多孔性为外部空气和凝固之后残余水分的侵蚀打开了方便之门，造成水泥老化。在力学方面，常见混凝土的优势之一在于其抗压强度，这个强度对于立柱建筑至关重要。在工地上，工程监理人员口中的20MPa（每立方厘米表面能承受200千克的压力），即混凝土凝固后能够承受的压力。然而，常用的混凝土抗拉强度不高，尤其是诸如过梁的水平结构（见“阿泽勒丽多的屋顶”，第16页）。这些水平结构的中部很容易因其自身重量而弯曲，反映了对其整体结构产生威胁的拉力。于是，这些颗粒组合物的内聚力就显得十分有限，有点像只能承受压力的沙子（见“沙堡的奥秘”，第168页）。

混凝土的革命

为了增加抗拉强度，1930年，工程师尤金·弗雷西内（Eugène Freyssinet，1879—1962）发明了预应力混凝土。在浇注混凝土时埋入受张拉的钢筋，在凝固后，当人们松开张拉钢筋，混凝土就有了预应力，抗拉强度大大增加。弗雷西内的天才发明迅速启发了世界各地的工程建设：1938年，第一座预应力混凝土桥就这样在德国厄尔德（Oelde）诞生了！

今天，各种各样的混凝土配比与应用让我们说到“混凝土”时不得不用复数。近来研究得到的材料达到了传统混凝土五倍的强度。这些高性能的混凝土保证了结构的纤细和优美，同时减少了碳排放。位于马赛旧港旁边的欧洲与地中海文明博物馆就是这一成果的展示（图2）。该馆是伟大的混凝土建筑师鲁迪·里齐奥蒂（Rudy Ricciotti）和他的工程师儿子罗曼（Romain）的作品，这个建筑的引人注目之处在于其轻盈的外形——一张混凝土网，多孔的网格结构使博物馆和城市之间的分隔变得透明起来。混凝土不但是建筑的骨骼，还成为了建筑的皮肤。更特别的是，两座天桥连接起了博物馆和曾经守护着旧港入口的圣让堡。里齐奥蒂父子先在工地之

2　这座混凝土天桥非常狭窄，长 120 米，将混凝土网装饰的欧洲与地中海文明博物馆同马赛旧港连接在一起。

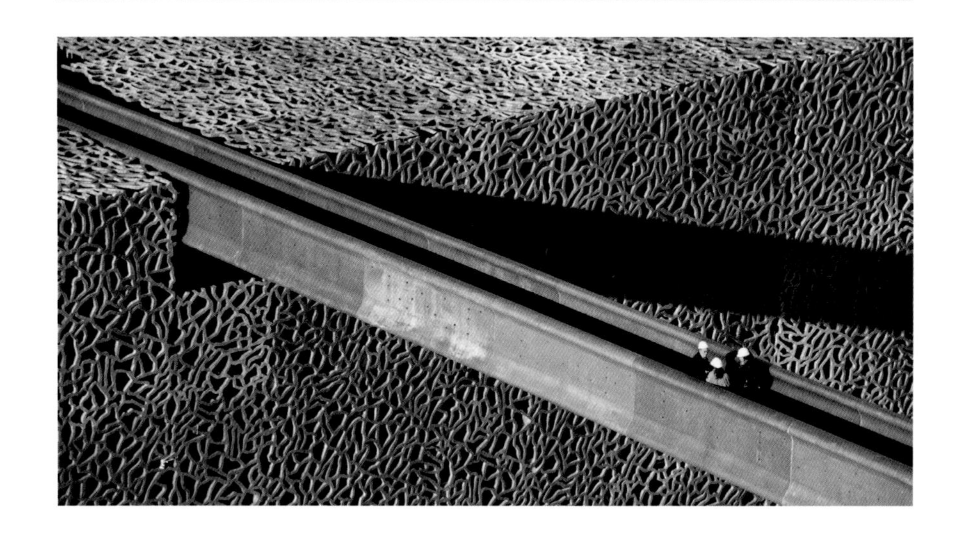

外准备好大型混凝土建筑组件，再使用金属张拉钢筋在工地上组装和紧固，真可谓是建筑界的乐高玩家!

除了美感，这种材料具有的性能被广泛应用于建筑和工程领域。几乎没有弯曲度的天桥看起来十分纤细，甚至有些许弹性，很难想象你脚下的混凝土网仅有几厘米厚！这些新型的混凝土究竟有什么奥秘呢?

用于加固的尘土和纤维

答案就在高性能混凝土和超高性能纤维混凝土的成分中。普通混凝土是细砾石、沙子和水泥的混合（图 3)，在此基础上，人们又加入了直径小于 1 毫米的极细颗粒。这些颗粒主要来自二氧化硅蒸汽，它们填入了颗粒混合物的缝隙，因而增加了混凝土的压实度。而且，由于超高性能纤维混凝土中额外掺入了纤维，其强度更高。以上这些技术催生了更轻盈也更持久的结构，能够更好地抵抗拉力。

还有其他好处：混凝土中的水分减少了，因为空隙被细小颗粒堵住了；透气性也大大降低，随之减少的是高透气性会带来的致命外部侵蚀——钢筋混凝土裸露在外的钢材就是其悲惨例证！如今看来，为如米约（Millau）高架桥或新凯旋门（l’arche de la Défense）这类新材料建成的桥涵建筑赋予百年的保修期并非不可理喻。这些混凝土可谓锦上添花，可以制造防水屋顶，而无需借助其他材料。

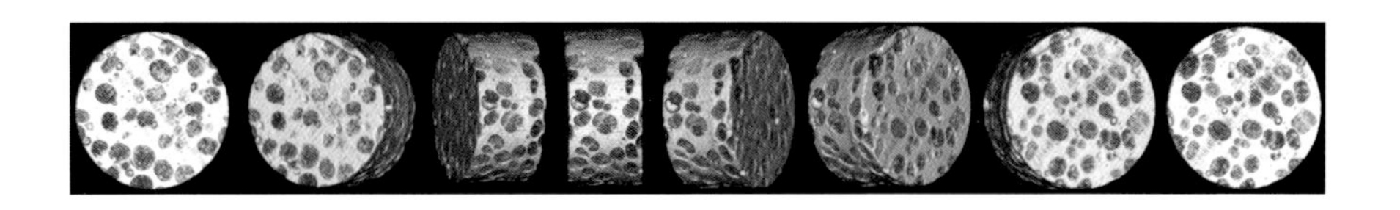

3

对于混凝土样品内部的模拟说明了不同大小颗粒的分布，从细砾石到沙子、粉末不等。这种多分散性有利于减少颗粒间为外部侵蚀打开大门的空隙。现代混凝土可以维持百年不腐。

实验

若要测试混凝土颗粒组织结构对其压实度的重要性，你只需要小心地向透明罐中倒入一半的小颗粒（沙子或粗面粉），再填充大颗粒（鹰嘴豆），直到与罐口齐平①。然后将这些颗粒混合物倒出，好好搅拌②③，再将混合物重新倒入透明罐④：混合物的总体积变小了！

你可以测量罐中颗粒的压实度，即混合物所占总体积的比例。用混合物填满透明罐后称重，然后加入水直到与罐口齐平，使颗粒间的所有空隙都被填满，再重新称重。多出来的重量便是水的重量，它对应的体积即颗粒间空隙的体积。用这个体积除以罐子的体积，即得到了颗粒堆叠的孔隙率。当两堆同样大小的颗粒叠加时，孔隙率最大。

材料
粗面粉
鹰嘴豆

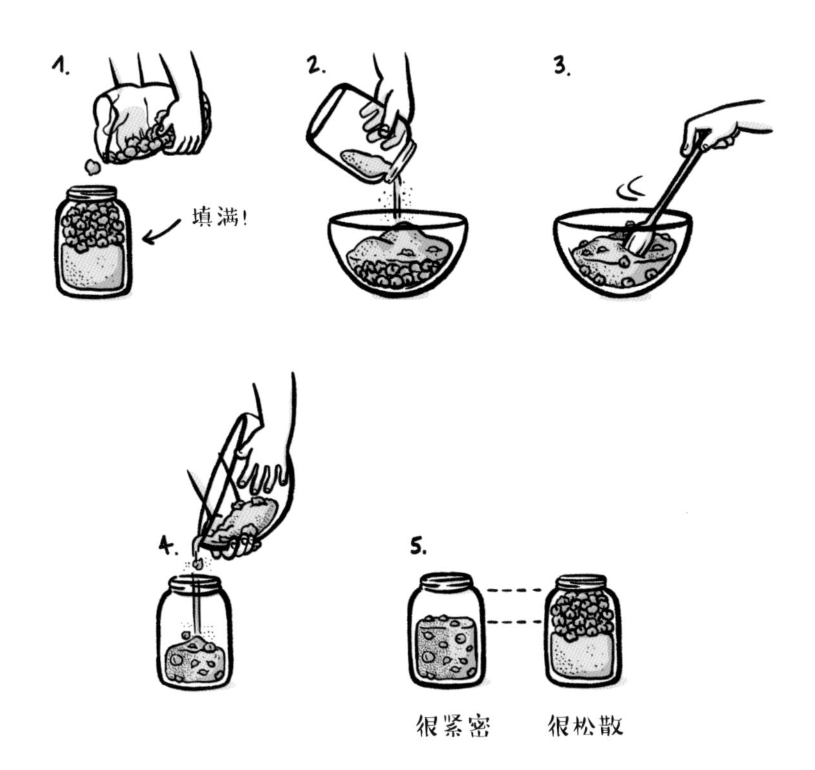
1.
填满!
2.
3.
4.
5.
很紧密
很松散

微粒烧结的传奇

谁不相信精致的中国瓷器的背后隐藏着物理学家尚未完全解明的精妙现象？这是通过加热使微粒联结在一起的艺术。用这种方法得到的陶瓷是一种用途非常广泛的无机材料，从瓷器到脆却耐用的厨用陶瓷刀不一而足。

这些源自中国的杯子是一种装饰物吗？懂得欣赏的人会认为，他们的瓷器拥有无与伦比的美。爱好者们会欣赏陶瓷的光泽、白度，甚至会用小勺子敲击陶瓷来测试它的硬度。这种高技术产品历史悠久，可以追溯到两千多年以前出现在中国的粗陶罐。这些极度奢华的餐具出口到了整个西方世界，直到某个曾在中国生活的传教士“逃走”并带回了瓷器的配方，欧洲才在18世纪最终制作出瓷器来。

1 17世纪的中国青花瓷茶杯。瓷器是由极细小的高岭土微粒烧制而成的。

这种材料十分受欢迎，因为它容易塑形，随后又可以变成十分坚硬结实的质地，最锋利的刀也不能在上面留下痕迹。这是怎么做到的呢？答案就在这种材料的结构和制作方法中。

瓷器的配方

瓷器是第一种由微粒黏结起来制成的坚固材料。它由高岭土制作而成，这是一种耐火的白色松散黏土。法国第一批高岭土矿是在利摩日附近发现的，于是这里成了瓷器之都。高岭土的熔点在2000℃，但通过加入添加剂（长石），瓷坯成形的温度就降低到了1300℃。

在显微镜中，每个高岭土微粒都像极小的千层酥，由几百层只有几纳米厚的结构构成（图2）。在焙烧之前，层与层之间可以彼此滑动，因此能够给坯料塑形。人们将这种形变能力称为可塑性。做茶杯或盘子时，第一次焙烧会将这些微粒黏合在一起，消除层与层之间的水分。这个阶段之后，材料仍是多孔的。随后，人们会刷上一层能填充空隙的金属氧化物。再次放回窑炉中后，瓷器的表面就呈现出美丽的光泽。在这第二次焙烧的时候，黏土继续转化，变成了瓷器的最终构成成分，其基础是氧化铝和玻璃质的二氧化硅。

不用黏合剂的水泥

和焙烧黏土制造出的**陶瓷**相似，**烧结**材料是微粒烧结的结果，而无需像水泥那样借助外部“黏合剂”（见“液体石头：混凝土”，第186页）。在焙烧之前，粉末状的固体被放入模具中最终定型。以不到熔点的温度焙烧，临近表面的原子会移动到微粒之间的接触区，将其黏合在一起。正是这种微粒之间的物质实现了烧结。

2 高岭石微晶片，这是高岭土中的矿物质，在电子扫描显微镜下呈现出奇妙的无序组合结构。这些微晶片的长度从百分之一毫米到十分之一毫米不等。这种多层结构解释了焙烧之前黏土的可塑性：黏土层可以很容易地彼此滑动。

今天人们在工业中使用的烧结材料，比如氧化锆或氧化铝，既有机械硬度又轻盈；但它们和其他陶瓷一样易碎。人们将它们朝两个完全相反的方向上开发：内部极其疏松，或极其紧实。

烧结的奶酪

将微粒烧结在一起，可以在固体材料中制造空洞……人们利用烧结来设计航天工业中使用的孔隙极多的材料，以便减轻飞机的重量。外科和牙科如今也大量利用这种材料：多孔性可以和松质骨兼容，并有助于组织在接触面上生长，直到特定的补形用烧结材料完全埋入骨骼中心（图 3）。

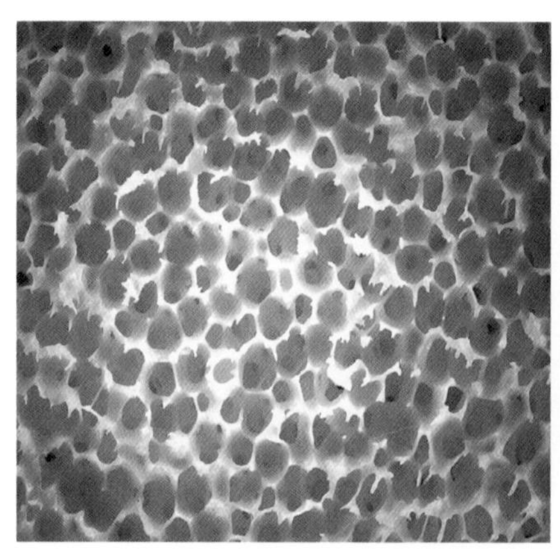

3 用于补形的烧结氧化铝（孔隙率 60%）表面放大图和细节图。这种结构模仿松质骨的结构（孔隙的大小约为 1 毫米）。

耐用的刀具

烧结也造就了非常紧实的陶瓷材料，通过深加工去除材料微粒间的孔隙即可获得（图 4）。这些材料一般用于某些机械零件，以及刀具。后者由耐高温的金属氧化物粉末制作而成，先对其加压，然后加热到 1500℃。这种刀具不会生锈，比钢铁更硬；它们和玻璃一样锋利，但也同样易碎。

通过微粒烧结可以获得各种各样的材料，也能够获得各不相同的几何结构。如今烧结现象已用于 3D 打印，该技术正在革新传统的加工技术。

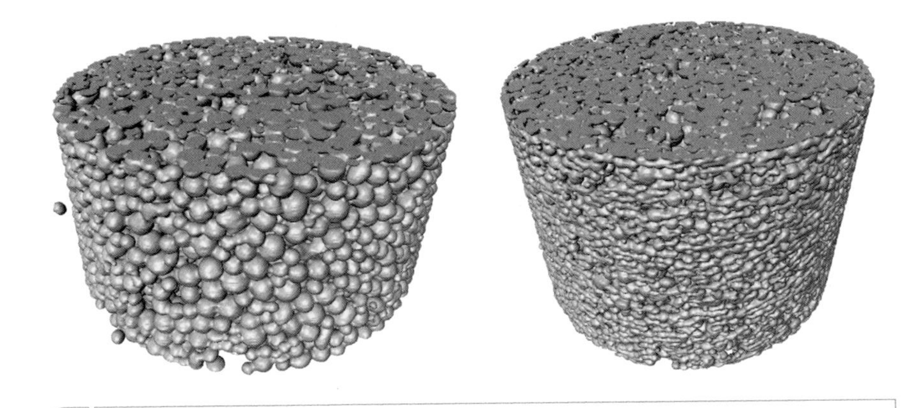

4 这是烧结铜的样品的立体图像，由同步辐射而得。左图，烧结较弱，这可以通过微粒间的桥（或颈）看出，而且孔隙率的减少幅度有限。右图，烧结较强，微粒变形很厉害，孔隙率大幅下降。

实验

是什么让雪球不会散架呢？你要不要利用寒假去继续开尔文勋爵（Lord Kelvin）和迈克尔·法拉第（Michael Faraday）的争论？这两个伟大的19世纪英国科学家对于形成雪花的冰晶的“烧结”很有兴趣。雪花表面会自发地形成水膜吗？这样就可以造成毛细力桥，确保雪花之间的黏着。施力是否会造成接触点上的冰晶融化？这种黏着是否仅仅产生于冰晶之间的缠结？

他们给出的任何答案都不能完全令人满意：在零下30℃时也可以做成雪球，而这种情况下是不会有液态水存在的。另外，微粒之间的力不足以融化冰！科学家们仍在积极研究，试图解答这个谜团。

为了让你有个概念，请取来一堆新雪，先来做个雪球。它是否像湿海绵一样被挤出了水？凭理性判断，没有。在特定高度把紧实的雪球扔到地上，来测试它的坚固程度。落地的时候它碎了吗？直观来看，雪球压得越实，就会越坚固。你能把雪球压得多实呢？什么物理因素能解释雪球的内聚力呢？

材料

雪球 1
雪球 2
拍
拍
拍
??
喂！你刚刚打雪仗啦？

各种形态的玻璃

玻璃十分常见但又迷人，它的美从史前开始就令人类惊叹——最早的玻璃工具可以追溯到新石器时代。人们大概认为这些天然玻璃具有魔力，年轻的图坦卡蒙胸前的圣甲虫配饰证明了这一点。然而不太为人所知的是，玻璃对于科学家们依然是个谜团。它既易碎又有伸缩性，需要好好思考它到底是固体还是液体，它将今日尚未完全研究透彻的令人震惊的特性结合在了一起。

有什么比玻璃更常见的呢？日常生活中出现的玻璃有多种形状、颜色、用途，以至于我们几乎不会花时间去欣赏它的奇特之处（图 1）。为了唤醒我们的好奇心，去一趟杰瑞米·麦克斯韦·温特伯尔（Jeremy Maxwell Wintrebert）的工作室吧，就在位于巴黎多梅尼大道（Avenue Daumesnil）

1

彩色玻璃瓶让与威尼斯隔湖相望的美丽的穆拉诺岛（Murano）名声大噪，该岛从 14 世纪就开始迎接玻璃艺术家。虽然玻璃原始状态是透明的，但是在熔融状态下加入金属氧化物可以为玻璃染上色彩：加入钴是蓝色，加入铜是红色，加入铁是绿色。

的拱廊商店街上（图 2）。这位手工艺创作者在那里制作大型玻璃作品。他刚刚用一根长长的铁吹管的一头挑起一团从超过 1000℃的熔炉中出炉的膏状玻璃。他手法敏捷，不断转动这团玻璃，防止它掉在地上。

突然间，玻璃工朝管子吹气，为玻璃塑形。在吹管的另一端，空气在这一团热而黏稠的物体内部产生气泡，气泡变大，直到成为一个发光的大球，准备好进一步塑形。每个作品都需要高度精确：要是差了几秒钟，用过高的温度给作品塑形，就会以玻璃破碎而告终。这个奇妙的程序背后有什么物理原理呢？

加工玻璃：从黑曜石刀到弹珠

早在新石器时代，人们就发现并利用了玻璃质的材料，甚至发展出了有关黑曜石刃的重要商业活动，这种石刃是从黑曜岩上切下来的，后者是一种源自火山的玻璃质岩石（见“史前的瑰宝”，第 268 页）。更令人震惊的是图坦卡蒙的圣甲虫配饰的利比亚玻璃来源。这块玻璃似乎是 3000 万年以前在位于如今的利比亚沙漠上空大气层处发生的陨石爆炸形成的。陨石爆炸产生的“炙热火球”使地面熔化。

幸运的是，不需要再等待地质灾难才能获得玻璃。玻璃最主要的成分为二氧化硅，这也是沙子的基本成分。二氧化硅在 1700℃熔化，但如果在其中加入**助熔剂**（最常见的助熔剂是氧化钾或氧化钙），熔点可以降到 1000℃左右。玻璃在熔炉中像蜂蜜一样流动。出了熔炉之后，温度逐渐降低，玻璃的黏度随之增加：在 900℃左右玻璃变成膏状。

玻璃吹制工在这个缓慢的冷却过程中利用玻璃黏稠的液体状态来进行

塑形。为此，玻璃工要使用钳子、砧板和剪刀。不能有丝毫耽搁，因为在500℃的时候就不能加工玻璃了：在此温度时，玻璃由高温时容易塑形且不可逆的**延性**状态，转向低温时易碎的**脆性**状态。浸入热水的生日蜡烛也表现出同样的特性：高温时，以延性的方式不断变形，冷却时变得脆而易断。

你玩玻璃弹珠的时候想没想过，它是怎么制作出来的（图3）？也是同样的加工方式：先将玻璃料在1200℃时切割为小圆柱体，与彩色的膏状物混在一起，然后放到辊筒上旋转。膏状玻璃通过在各个方向上转动，一点点变圆，最终在冷却的过程中形成完全的球形。

不为人知的液体？

为什么玻璃不是在一个确定的温度凝固呢？就像水在0℃时变成固体。此外，在0℃时两种物相共存：液态

2 手工艺创作者杰瑞米·麦克斯韦·温特伯尔只有几十秒的时间用剪刀为固定在吹管顶端的膏状白热玻璃塑形。一位同事不停地转动这根吹管，以防黏稠的气泡在它自身重量下坍塌。

3 这些玻璃弹珠由熔融的圆柱体玻璃膏不断转动制成，在这个过程中从延性状态变成了脆性状态。

水和冰。如何解释玻璃在冷却过程中不断变化的机械原理？诚然，在冷却的过程中玻璃的黏度极度增加，但并没有产生间断。和水从无序的液态到有序的晶体之间剧烈的转变不同，玻璃在显微镜下没有明显的重组。二者间的区别很大：没有像吹制玻璃这样吹制冰块的方法！

实际上，玻璃是一种……玻璃质的材料，其矿物构成是完全无序的。在高温时全体分子的运动十分激烈，温度降低时逐渐凝结不动。为了理解玻璃和水的区别，我们可以把冰晶看作蔬菜水果店里小心垒起来的一堆橘子；为了描述液态水，需要想象这同一批橘子在果农的卡车上，卡车在颠簸的道路上行驶，橘子被颠散得到处都是……那么，玻璃是一种不为人知的液体吗？并不完全对。当然，在分子层面，玻璃的结构的确和水的瞬时无序结构一致。但是，与被热运动持续搅动的液体不同，玻璃分子的这种无序在低温下冻结了。因此在常温下，玻璃表现得和固体一样。

水，这位强敌

然而这种固体却有脆性：小瑕疵，比如玻璃板表面上微小的划痕，非常容易就会扩大为大规模的裂痕。只有玻璃切工会因为玻璃的脆性而开心——正是碳化钨滚轮的划痕方便了在玻璃上进行干净利落的切割。

可能存在的潮湿是玻璃产业中的另一隐忧：当水分子与裂缝接触时，会促进断裂的产生。实际上水分子通过水解作用攻击二氧化硅，让裂缝像拉链拉开一般扩大。为了阻止有害的划痕，解决方案之一是表面处理。比如加热，在非常局部的范围内熔化玻璃来让表面变得平整。

另外一个方法则是保护玻璃表面，光纤就用了这种方法。光纤是长长的玻璃导线，保证各个大陆之间互联网与电话通信相互连接。在运输时光纤会承受很大的力，因此，人们在其表面覆盖了一层聚合物膜，保护其不受机械损伤和环境影响。在这层外壳的包裹下，圆柱形的长玻璃纤维可以以惊人的幅度随意弯曲而不会折断，这方便了光纤的处理和储存。

金属玻璃

并不是所有玻璃都是由二氧化硅构成的。你知道也存在**金属玻璃**吗？金属玻璃是通过将熔化状态的金属极速冷却获得的：在液态时金属原子运动激烈并且无序，所以极速冷却后也保持了无序的状态。低温时，固态金属一般由杂乱的小晶体构成；这些结构上的缺点很大程度上决定了最终材料的力学特性。在金属玻璃中，整个材料都处在无序状态，因而人们可以让金属玻璃实现普通金属实现不了的弹性形变。矛盾的是，正是原子层面的无序状态让这种材料变坚固！

实验

只要用糖稀就可以模仿二氧化硅玻璃成形的样子！将 300 克白砂糖（蔗糖）、50 克葡萄糖和 75 克的水在厨具中混合，将混合物加热到最高 150℃（注意别烫到自己，也别加热太长时间，不然你可能会得到焦糖！）①。我们可以用异麦芽酮糖醇来替代白砂糖－葡萄糖的混合物，异麦芽酮糖醇是商业用的甜味剂，不会在加热的时候变成棕色。

在冷却过程中，用勺子提取少量液体②。将其置于冷水中③：你将得到玻璃纤维的同质物。你也可以把一些糖稀浇在板子上；很快它就会变成柔软的膏状物，你就可以将其如同熔化的玻璃一般塑形。冷却后，这种膏状物就会恰好变成一层玻璃状的东西。请注意，如果不添加葡萄糖，最后就会变成糖的结晶，是没法塑形的。和玻璃吹制工一样，某些糖果商已经成为吹糖人的大师。你能与他们匹敌吗？

4 吹糖人在亚洲很流行。通过每个糖人空心的尾部吹气，以此塑形，空心尾部和吹玻璃的管子作用相同。最终的外形和四肢是用手捏出来的（糖稀的温度比熔融的玻璃低得多！）。

材料
甜味剂

1.
2.
3.

活动之物

植物是不动的吗？看看这个即将展开的蕨类嫩芽就知道，植物可以活动，但人们还不太了解其中的奥秘。如果我们认真观察就会发现，植物看似平静的状态背后藏着不为人知的力量和速度，例如那些可以喷射种子的植物。并不只有植物利用弹性结构来产生运动：小提琴弦、撑杆跳远动员的杆也是可以吃紧力气再弹出去的。

弯而不折的花茎

花瓶里的花和 2001 年倒塌的世界贸易中心之间有什么关系？这背后藏着一种令人吃惊的力学不稳定性，是建筑师们的灾难。

节日的花朵亭亭玉立、灿烂绚丽，已经连续几天装点了你的客厅，直到一天早上你发现一枝花被自己的重量压弯了腰。是什么使它突然弯了下来呢？

1	这朵几天前还神气活现的勋章菊，如今为何被自己的重量压弯了腰？

在植物世界……

就像地球上的任何构造一样，花也需要抵抗重力来保持亭亭玉立的姿态。如果花茎是完全竖直的，维持花的平衡只需要承受压力，而这种压力只会带来高度上几乎察觉不到的降低。但花茎稍稍偏斜了一点，重量的作用就像杠杆的力臂，让花茎变得更弯，而这反过来又加强了杠杆的作用……循环往复。这个恶性循环，物理学家称之为**挫曲失稳**。

花朵一开始是怎么撑住的呢？它的抗弯强度抵抗住了这种失稳。鲜切花中，细胞还饱含水分；内压远远超过大气压力，从而使花茎可以保持直立，就像气充得很足的管子。但随着时间流逝，细胞逐渐死去，无法再维持从花瓶中吸收的水分，内压逐渐降低。花茎变得越来越软，无法再抵抗自身重量带来的失稳作用，从而弯曲。

……以及在人类建筑中

挫曲失稳无处不在：它几乎会影响所有细长的材料，当材料受到足够的压力时就会出现这种现象。因此当一根受压的花茎只受微弱的力时，它依然能保持直立，但当这个力超过某个阈值时它就会弯曲。

虽然挫曲失稳看起来很温和，但它对刚性结构构成了一种威胁。就如这些地震后受压的铁轨（图 2）。如果铁轨没有受压，而是以同样的力受拉，

2 2010 年 9 月在新西兰发生的地震中，铁轨受压太强，使它们最终像波浪一样弯曲……

那么它们肯定可以抵抗得住。这个现象十分危险——低于阈值时，几乎看不出任何即将发生形变的迹象——却可逆——如果我们减少花茎承受的压力，弯曲的花茎最终会恢复直立的状态。

不过，超过阈值，挠度会极速增加，可以导致不可逆的形变，甚至断裂。好在我们建筑的工况大大低于阈值：一座能够承受大流量交通的桥不会因遇到堵车就坍塌！然而，2001 年 9 月 11 日恐怖袭击中纽约两座世界贸易中心大楼突然倒塌表明，火灾释放出来的热量很大程度上降低了钢柱的强

度。钢柱内部的挫曲失稳导致了高层部分猛烈的塌陷，之后造成了整个大楼的坍塌。

宁愿毁车，不要害命

和挫曲现象这种事先逐渐累积的现象相反，还有一种失稳本质上是突发而不可逆的。在自然中，有些植物借助这样的突发失稳在夏末快速喷射种子（见“种子的飞翔”，第238页）。

压缩空心圆柱时会遇到被力学专家称为崩塌的特别例子。把脚平放到直立于地面的中空铝易拉罐上：它会承受住压力，几乎没有形变。但如果你的伙伴用手指轻弹易拉罐侧壁，它就会立刻被压扁！

在汽车领域里，这种突发失稳用于提高乘客的安全性。当出现剧烈的冲撞时，汽车外围的结构会像手风琴一样压扁。这对于车身的损坏是不可逆的，但同时车身吸收了大量的能量，保住了乘客的生命……

多重挫曲

仔细观察的话，在我们的日常生活中充斥着突发失稳的例子，比如泡沫床垫。矛盾的是，这种现象反而让我们睡得更好。泡沫床垫由诸多壁很薄的空腔组成，这些空腔表现得和突然压坏的易拉罐一样。这些腔的腔壁当然比饮料易拉罐瓶身的铝片更有弹性，所以压缩是可逆的——这很好。

但当我们躺在泡沫床垫上时，只有一部分空腔被压扁，从而在我们身

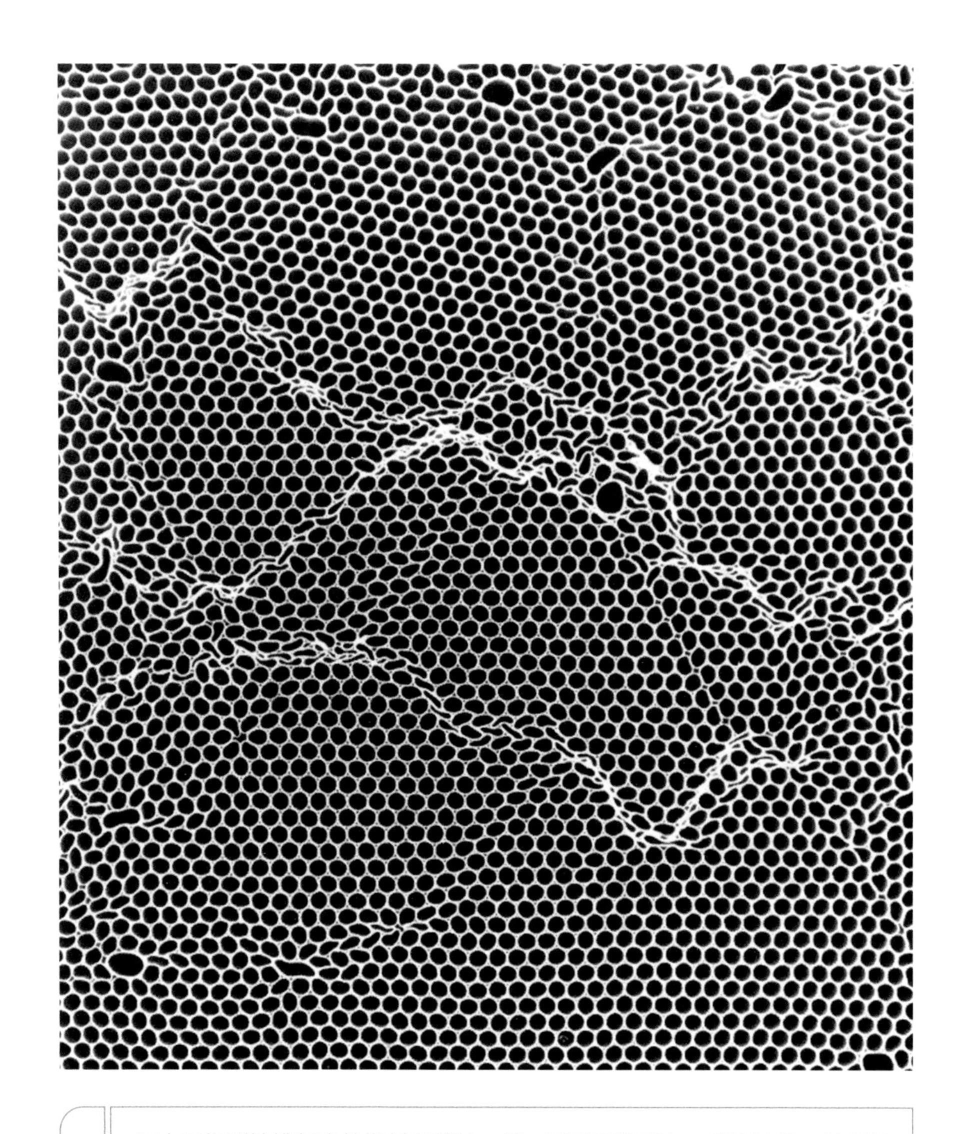

3

图中是规则地堆起来的塑料吸管的一端，受到垂直压力。奇怪的是，每根吸管被压坏的程度不同：有些吸管被压塌了（图中白线），而另一些实际上几乎没有产生形变。

下持续保持压力。床垫贴合我们的身形，而不会在变形最厉害的地方增加压力：我们的重量因此被分散，相比于老式的弹簧床更舒适。

一个简单的实验可以展示这种失稳。堆叠塑料吸管来模拟床垫（图 3）。轻轻的负荷会让平行的吸管轻微压缩。但超过特定的压力阈值，一排吸管会立刻崩塌。略加压力，其他的吸管也会崩塌。像你可靠的泡沫床垫一样，这个实验模型在持续的压力下会压扁。

现代艺术家们并没有忽略挤压失稳那不可避免且突发的特性，他们在自己的作品中利用了这些特性。尼斯现代艺术家埃德蒙·瓦内萨（Edmond Vernassa）展出了一个受应力的艺术作品，例如图中这个在真空中崩塌的铁皮罐。

4

尼斯现代艺术家埃德蒙·瓦内萨的这件作品在尼斯大学展出。这个作品是将铁皮罐逐渐降压，罐子看似能撑住，直到突然内爆。引发的噪音太过震耳欲聋，以至于瓦内萨发誓再也不重复了，他见证了失稳的暴发。

实验

为了展示突发失稳现象，水平展开卷尺，翻过来凹面向上。最初，卷尺保持直线状态，仅轻微弯曲。很快，超过某个长度之后，卷尺突然弯下来并发出很大的噼啪声！让我们再把卷尺往回缩：你会发现它保持弯曲。这个突发失稳是不可逆的。实际上，卷尺在拉伸的过程中有两个状态：一个状态是笔直的状态①（重新卷卷尺之后才能回归这个状态），另一个状态则是变形的状态②。

卷尺具有较强的刚性，这是因为它的横截面是弧形的。弧的高让它具有了较高的视厚度，但也让它更接近我们碳酸饮料易拉罐的圆柱体外形，并同样具有会突然崩塌的特征。在建筑上，诸多结构都根据这个形状效应的原理加强，比如工字钢或中空的圆柱形材料。需要付出的代价则是超负荷时有时会突然坍塌，就像卷尺这样。

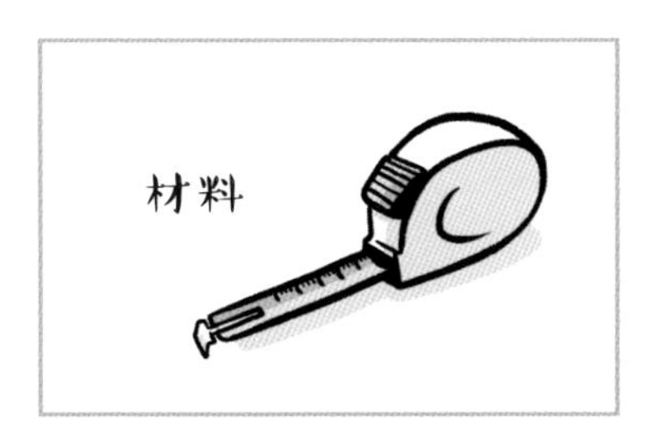
材料

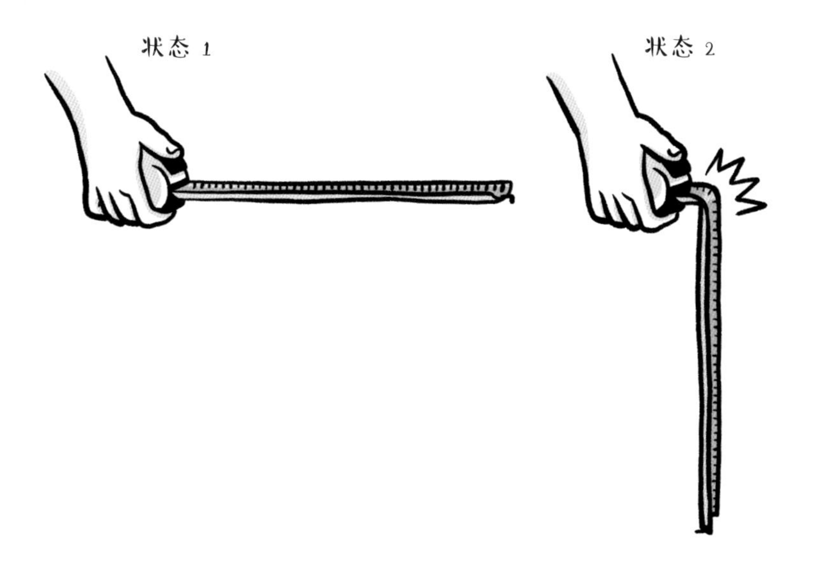
状态 1
状态 2

跃向空中

撑杆跳，或者借用哲学家西蒙娜·薇依（Simone Weil）的作品名称，就是如何将“重负与神恩”结合起来。就在推动远动员跳入空中之前，撑杆看起来弯到了极致……如今撑杆尖端使用的材料能够部分解释近十年来不断刷新的撑杆跳纪录。

运动员最让我们惊讶的是，他们只用了最低限度的装备来竞技。正是这一点突出了体育成就的人体美，尤其是在撑杆跳的比赛中。只需提到谢尔盖·布勃卡（Sergueï Bubka）和李纳德·拉维莱涅（Renaud Lavillenie）的名字，我们就会立刻想到他们挣脱大地，脚向前伸轻轻掠过横杆的身影……

2014年2月15日，这一系列完美的动作让法国人第一次跳到了6.16米。

1	李纳德·拉维莱涅助跑时的能量转化为让撑杆弯曲的能量。撑杆在将运动员弹向天空之后恢复原状。

然而运动员是如何做到与天空亲密接触的呢？其中的物理原理是什么？

跳跃的物理学

撑杆跳和跳高都包含同一种要素：助跑。无助跑跳高（如今已经不是奥运会比赛项目了）只能够达到 1.5 米。在助跑过程中，运动员逐渐加速，积累动能。跳跃时，通过撑杆，动能转化为另一种形式的能量，即势能，可通过运动员的质量与高度的乘积计算。

这里指的高度实际上是**质心**的高度，质心在质量分布的平均位置。跳高运动员也熟知物理：他们的身体在需要跨越的横杆附近蜷曲，正是为了

2 这张艾蒂安 – 朱尔 · 马雷（Étienne-Jules Marey）1890 年的定时摄影作品是在同一张底片上连续拍摄得到的。我们可以看到助跑的终点（从右到左），以及运动员借助 3 米撑杆的跳跃。这位运动员使用的是传统技术，没有空中翻转，所以得到的比赛成绩相对平庸。

保持质心在下，从而高出珍贵的几厘米！

积累动能

跳高或撑杆跳时，至关重要的时刻是起跳脚离开地面的时候：关键在于将水平跑步得到的动量转换为垂直方向上的运动。在助跑过程中，运动员的速度差不多每秒 10 米，与百米短跑运动员的速度接近。假设他将所有积累的动能用于起跳，计算表明最高能到达 5 米：这也是以同样的初始速度向高处扔一个球能够达到的最高高度。

跳高的最高纪录是 2.4 米，远远不及理论上限，这意味着在此种情况下能量的转换是很不充分的。如果撑杆的作用是完成更好的能量转换，那么指望杆越长就能跳得越高就是没有意义的。然而，运动员的确越过了 5 米的障碍。他们战胜了物理规则吗？实际上，撑杆竖立的时候，运动员会用到……胳膊。在飞翔过程中将撑杆向下压给予了它额外的能量，让运动员可以得到好成绩。

撑杆的奥秘

继 1896 年在雅典举行的第一届现代奥运会上美国的威廉·霍伊特（William Hoyt）获得的 3.3 米成绩之后，撑杆跳运动员的成绩实际上几乎翻了一番。这样的进步源自什么？让我们更仔细地观察撑杆。奥运会规则并不对撑杆的材料及长度有任何限制，只要撑杆的表面保持光滑即可。正是因为这种自由，为了冲击世界纪录，人们想出了诸多不同的解决方案。

最早的撑杆是木制、竹制或金属质地，不能像艾蒂安－朱尔·马雷著名的定时摄影作品里那样弯曲（图 2）。使用合成材料制成的现代撑杆出现在 1964 年奥运会上。这种材料将玻璃纤维或碳纤维与聚合树脂结合在一起，玻璃纤维或碳纤维保证柔韧性和强度，聚合树脂确保整体的内聚力，同时让撑杆的重量保持在一定限度之内（3 到 5 千克）。柔韧性革新了跳高的身体技术。

撑杆有两个作用。首先，它将水平助跑的速度导向垂直方向的速度。此外，当撑杆的自由端在沙坑中刹住，撑杆跳运动员在助跑最后弯曲撑杆，增加其弯曲度：储存在撑杆中的弹性能量之后逐渐归还给运动员，帮助他跳起。跳高不同阶段的数字化建模突出了撑杆弹性的重要力学功能。力学专家们遇到很多问题：太长的撑杆不会有挫曲和达到“崩塌”状态的风险吗（见“弯而不折的花茎”，第 212 页）？是否可以利用撑杆的震动获得高度上的提升？如果撑杆太软，能量的归还并不能很快实现，转换没有效率。与之相对，如果撑杆太硬，撑杆与地面接触的冲击会导致能量的流失；而且，撑杆跳运动员会被朝后弹。在起跳之后的阶段，撑杆也在发挥作用。运动员的身体翻转后，会借助手臂的力量用撑杆将自己推得更高。同样，如果撑杆太软，则无法产生这种冲量。未来的冠军们也会是优秀的力学家！

撑杆和弹弓的作用一样：在助跑过程中获得的能量被用于**逐渐**压弯插入插斗的撑杆。在跳起阶段，曲度消失，在弯曲中积累的机械能量转换出来，推动跳高运动员向上：这种能量的释放必须**快速**完成，以便让运动员受到的推动力最大化。

这种弹射效应非常普遍，比如蚱蜢就会利用这种效应。通过向后折叠它的长腿，蚱蜢逐渐积累弹性势能，然后通过释放腿中的棘爪结构，猛然

3　在蚱蜢的后足关节中存在与弹弓或弓相似的机制。这使蚱蜢可以突然释放出腿部折叠时储存的能量。

激活腿中的脱钩机制，以肌肉无法实现的速度伸开腿……跳起的高度能达到自己身长的百倍！跳蚤身上也有类似的机制（见“种子的飞翔”，第238页）。你也许没有注意到，你自己用大拇指和食指打响指的时候也在利用这一机制。产生的声响表明你的拇指迅速地释放了能量。

实验

如果人们用力按压一根杆，它会弯曲，有可能会折断。理查德·费曼（Richard Feynman，1918—1988）因其量子电动力学方面的成就获诺贝尔奖，他在科学方面广泛的兴趣为人所熟知。他曾提出如下问题：一根意大利面会断成几段?

在你的厨房里试试！拿一根意大利面，两只手各执一端，让其逐渐弯曲。面条最终会断。你得到了多少段?

与我们预期的相反，面条并不是断成两段，而是三段或更多段。为什么呢?

法国物理学家通过拍照回答了这个问题，借助高速摄影机（每秒上千帧）可以看到，弯曲的意大利面在两端断裂。虽然这个研究看起来不够严肃，却让其发起人赢得了搞笑诺贝尔奖，这一奖项专门颁给出乎意料、令人瞠目结舌或不合常情的研究。在第一次断裂之后，弯曲波在意大利面中传播，这会增加局部曲率：正是这种波可能让面条再一次断裂。

连续照片表现了这种波如何沿面条传播。它最后会在面条的末端发生反射，反射回波和尚未到达的波之间的相互作用进一步增加了曲度。这种突出的曲度产生了断裂。最后，意大利面的多处断裂并非同时产生，而是相继产生。这一机制不仅适用于意大利面：运动员的撑杆断裂的话，通常也会断成三截，如同网上很多视频中呈现的那样。

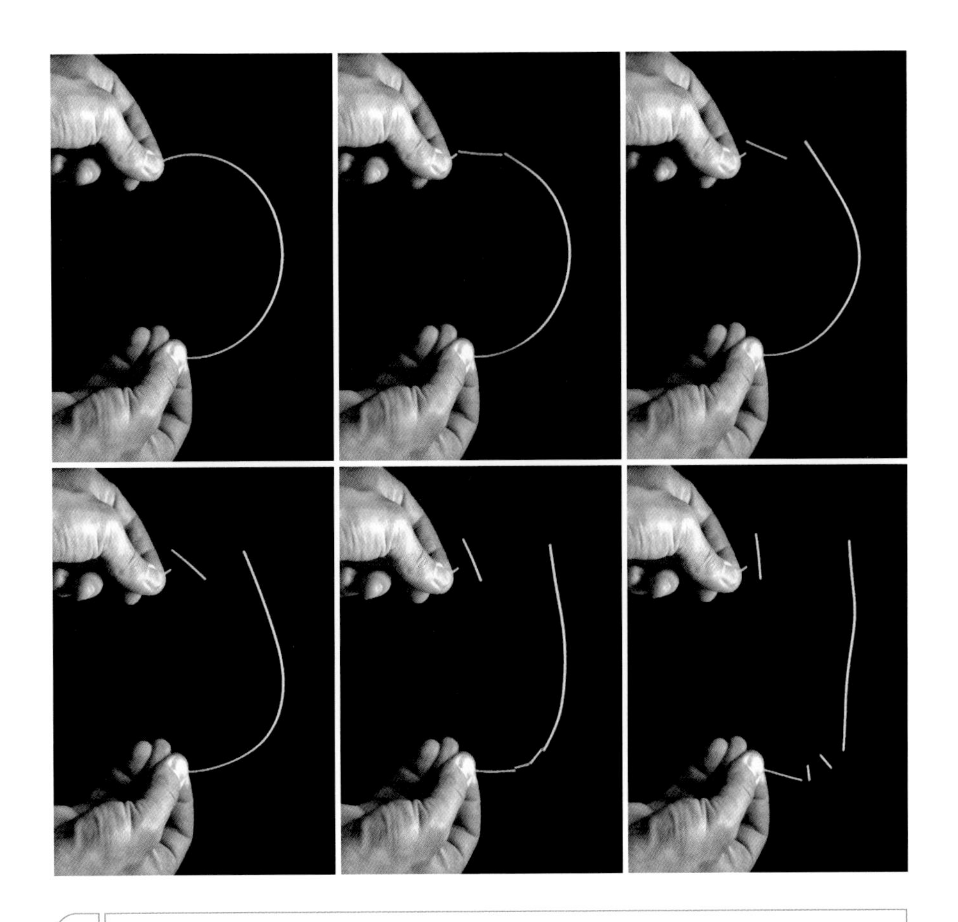

4

连续照片展示了面条弯曲过度而断裂时弯曲波的扩散情况。弯曲波在面条的两端反射，与尚未到达的弯曲波相互作用，增加了局部曲度，引起了新的断裂（前后两张照片相隔千分之一秒）。

松果之舞

你知道松果为了释放出种子，会借助受环境湿度控制的巧妙机制打开或闭合鳞片吗？其他植物也同样可以在简单的外部刺激下产生运动。这种优美的方式如今被仿生学应用模仿。

这一个巨人的面孔，据我看来，
是和罗马圣彼得的松子一般长，一般阔。

但丁，《神曲·地狱》，第三十一篇，第58—59行

松果中庭是任何在梵蒂冈游览的旅客都会不期而遇的地方，因形似松果的巨型雕塑而得名，它建在观景中庭的壁龛中。该作品的来源说法不一，一些人认为它曾是万神殿穹顶的装饰物。松果鳞饰之间的诸多开口表明，这尊铜像在罗马时期曾用作喷泉，或许临近阿格里帕浴场（Les thermes

1 松果形青铜像，位于梵蒂冈观景中庭的壁龛中。

d' Agrippa)。如果人们不了解古希腊、罗马时期的人们因松树长青将其作为不死的象征，就无法理解为何罗马人会赞颂如此平凡的松果。松树在当时是船舶建造的主要材料，而松脂可以用来填塞船壳的缝隙，也可以用来保存葡萄酒。

虽然松树给我们一种不动的感觉，但这种印象是错误的。松果远非不会活动，而是会根据天气的节拍安静地起舞。实际上，你在林中散步时或许会注意到，成熟松果的鳞片在潮湿天气会闭合。当阳光重现，松果就会变干，重新展开（图 2）。松果展开可以确保鳞片间的种子得到释放和扩散。但一块木头是怎么进行这种运动的呢？

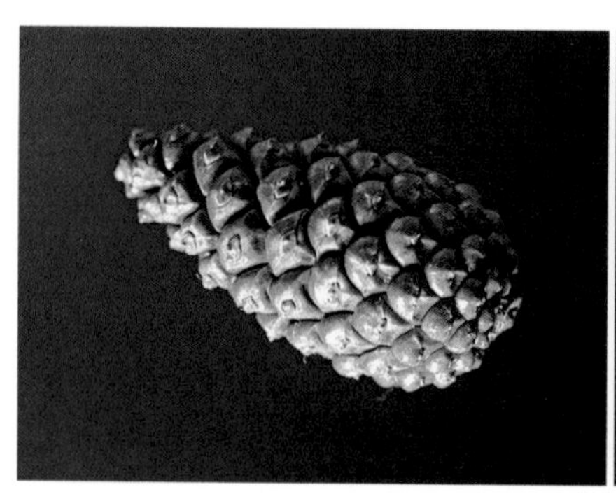

2 吸足水分（左图）的松果保持闭合状态。在干燥情况下，鳞片张开，释放种子并让种子扩散。

弯曲度领舞

只需按照对称面将鳞片一分为二（图 3），就可以理解这些吸湿活动的原理：这是一个**双片**结构。鳞片的一面主要由会受潮膨胀的木质构成。原理如下：水分子会固定在植物细胞壁中纤维素成分的小纤维上。小纤维之间的距离会因此轻微增加，这会使木材在微观层面上膨胀10%。水分子在纤维素上的固定是可逆的：在干燥的环境中，水被吸收，材料收缩并恢复原形。

构成鳞片的另一面是被动的，也就是说，它受潮时不会膨胀。双片结构中两种材料不同的膨胀率让鳞片随湿度变化产生不同程度的弯曲（图4）。松果是天然的湿度计，一旦松果成熟，就不需要植物进行任何主动控制或提供能量。

蕨类和短叶松

除了松果之外，植物世界还有大量可以随湿度变化而变形的结构。具有紫色花瓣的草本植物芹叶牻牛儿苗，由于吸湿形变，它的种子卷成螺旋形，使得它可以如同螺旋钻一般插入土中！至于某些木贼属植物的孢子，则带有能随湿度的变化而展开或合拢的弹丝，使其可以在土地上活动，甚至可以跳起而被风带走。

另一个例子是，花粉颗粒置于干燥环境时，有收拢的趋势，限制了脱水作用。最后，短叶松有一种惊人的特性：它的松果充满松脂，只在森林火灾时才张开。种子会先一步掉落到烧焦的土地上，相比于后来的竞争者具有明显优势。这种现象也出现在红杉这种植物身上，为了促进这种植物的繁衍，人们已经开始进行可控过火。这些双片结构到底是受湿度影响的还是受温度影响的呢？至今还没有完全搞清楚。

从运动服到温度计

受松果的启发，可以利用材料的不同形变制作传感器，或可以因湿度变化而启动的装置。把一条纸片贴在塑料薄片上，就制成了一个廉价的湿度计。一些运动服的生产商正力推具有双片结构鳞片的适应性衣料：皮肤流汗时鳞片会张开。再大胆一些，为什么不能设想一个遇雨会自动展开的遮雨篷呢？或是潮湿时可以防滑的地板？或是能够从环境湿度的变化中捕获能量的系统？

一些温度探测器的核心部分也应用了同样的机制，它们由两片不同的金属上下叠加构成。金属在温度升高时膨胀，不同的膨胀率使整个结构发生弯曲。诸多仪器的活动部分中都有这种机制（温度计、断路器、恒温器、

3　按照对称面切一片松果的鳞片，展现其底部的双片结构（下图）。颜色深的外部木材（下部）在湿度充足时会强烈膨胀，而浅色木材（上部）对湿度没那么敏感。

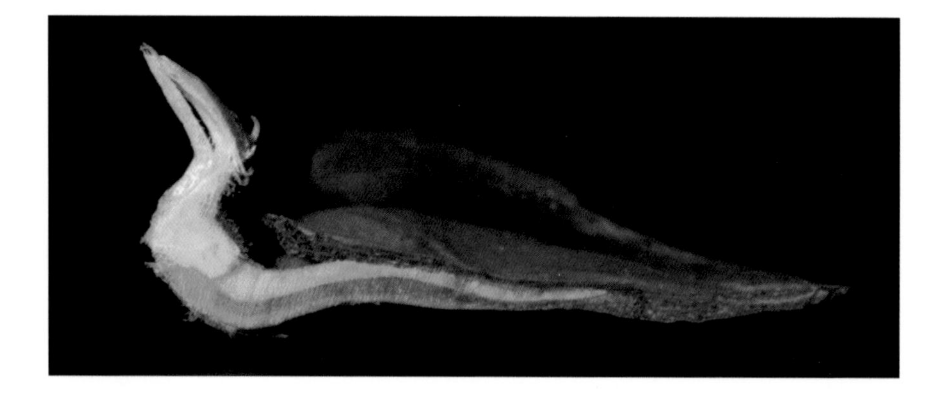

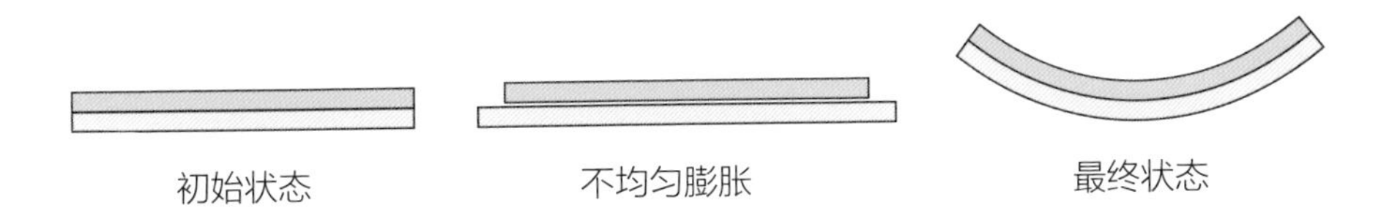

4 双片结构的原理。一片置于另一片上。一片（蓝色）遇水膨胀，另一片则不膨胀。一旦两片贴在一起，膨胀的第一片与不怎么膨胀的第二片就会弯曲以适应彼此的长度。

闪光灯等等），或是能够在热量的作用下切断电源，或是能够切换开和关的档位。在后一种情况下，双片结构随温度升高而变形，切断电路，冷却后回归初始状态，并重新接通电路。

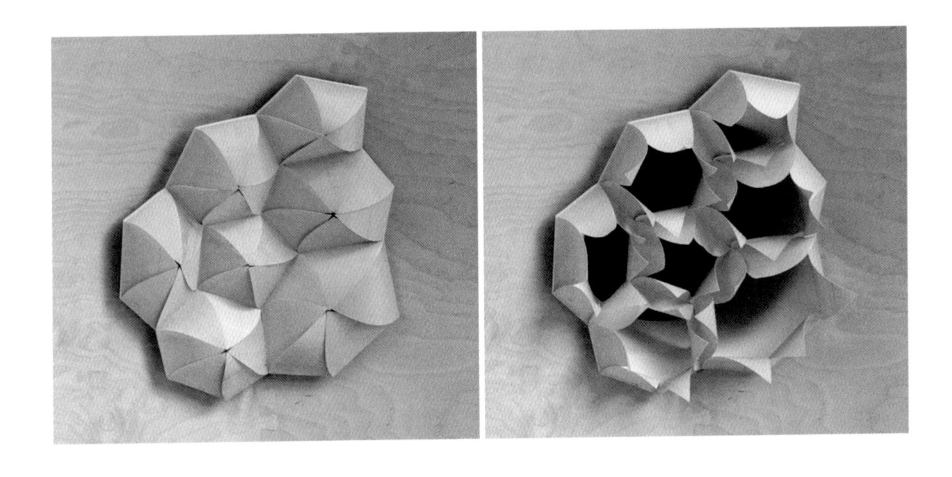

5 “气象馆”的表面细节（奥尔良法国当代艺术中心永久馆藏）。这些开口由双片木制薄片构成，会受湿度影响而运动，进而调节开闭、外观和透光度。

实验

正如普鲁斯特（Proust）的《在斯万家那边》中引人入胜的描述那样，“日本人爱玩的那种游戏：他们抓一把起先没有明显区别的碎纸片，扔进一只盛满清水的大碗里，碎纸片着水之后便伸展开来，出现不同的轮廓，泛起不同的颜色，千姿百态，变成花，变成楼阁……”，让我们也来玩玩吧。在硫酸纸上裁下边长 5 厘米的正方形。将它小心地平放在水盆中。你会看到正方形纸在几秒之内卷起形成细细的圆柱。这片纸会暂时呈现双片结构：接触到水时，纸的下半部分会膨胀，而上半部分至少一开始会保持干燥。当纸张最终均匀湿透之时，又会慢慢地重新展开。

为了延长这个实验，在你的硫酸纸上裁几个纸条，一个纸条沿纸张长边裁下，一个纸条沿纸张短边裁下，最后一个纸条沿对角线裁下①。卷曲作用在与纸张纤维平行的方向上，而纸张纤维在造纸时全都朝向同一方向。

普鲁斯特提到的游戏则不同（它可能叫“水中花”）。在报纸上裁一个正方形，将四个角朝中点折②。将正方形放在水盆中，折叠的一面朝上。与硫酸纸相反，你不会看到卷曲，而是折叠的自动展开。你可以自行裁剪其他图案，或是在折叠的纸张上面再次剪裁、折叠，就像艺术家艾蒂安·克利凯（Étienne Cliquet）的作品《舰队》一样，该作品可以在网上搜索到。

为什么会展开呢？在报纸的情况中，浸透产生得非常快，双片结构效应尚未来得及发生。纸张在整个厚度上膨胀，而最初处于压缩状态的内部折叠部分也随之展开。

材料

1.
1
2
3
4
2.

种子的飞翔

为了观赏蒲公英飞翔的瘦果和它如同小型降落伞般优雅的落地姿态，我们都吹过蒲公英。这个游戏看起来微不足道，但对于植物而言，播撒种子是一件严肃的事情。有些植物利用风、水或途经的鸟类；另一些植物进化出快速喷射种子的机制。进化赋予了植物界多种多样的播种过程，令人叹为观止。

我最终相信，肉食植物不会变成素食植物。

让－玛丽·古里奥（Jean-Marie Gourio），《咖啡馆里的调侃》

植物世界不停地开疆拓土，通过已授粉种子的播种悄悄占领大地。在这种游戏中，蒲公英靠风力传播种子的策略——一个让拉鲁斯（Larousse）辞典大获成功的隐喻（图 1）——可不是唯一的。

1　欧仁·格拉塞（Eugène Grasset）插画的座右铭“我随风播种”——或者应该说像蒲公英那般传播文化……

NOUVEAU
LAROUSSE
ILLUSTRÉ
DIRECTEUR:
CLAUDE AUGÉ
« JE SEME A TOUT VENT »
Linguistique.
Langue Française.
Littérature & Beaux-Arts.
Œuvres Littéraires & Artistiques.
Religions, Philosophie, Pédagogie.
Droit, Causes Célèbres.
Politique.
Sciences économiques et sociales.
Géographie, Voyages.
Histoire, Biographie.
Institutions, Mœurs & Coutumes.
Sciences pures et appliquées.
Art militaire & Art naval.
Types littéraires & sociaux.
Allusions littéraires, historiques, scientifiques.
Sports & Vie pratique.
LIBRAIRIE LAROUSSE . PARIS

第一个让人吃惊的地方就是这些种子具有惊人的多样性，这和物种的存活率之间似乎并没有明显的关系。自史前时期开始，人们就利用美丽的种子。种子们极度丰富的大小和颜色使它们成了制作项链或其他首饰的材料。

除了美丽，种子也是植物生命周期不可或缺的参与者。它们是授粉的胚珠，一开始在植物母体内受到保护。成熟时，种子一定要尽可能有效地传播，来确保物种生生不息。生命的进化为植物保留了各种巧妙的播种机制。

秘密旅客

对于种子来说，最简单的策略就是掉在植物脚下生根发芽，虽然这只能确保种子散布在很短距离之内。这可能是之后不同种类的懒散种子发展出了不同散布方式的原因。

像槲寄生种子之类的秘密旅客，被鸟类吞下之后，会经历或长或短的飞行之后再被排出体外。降落伞一样轻盈的蒲公英瘦果，或是带有翅膀的枫树的翅果，会随风离开熟悉的家园。而椰子则会随洋流漂泊。一些走运的种子最终会找到利于发芽的土地。

植物的肌肉

一些植物会在字面意义上喷射种子。但没有肌肉如何喷射呢？虽然植物的外表看起来平静，但实际上可以活动，有时甚至是激烈运动。它们的发动机一般来自组织结构内部的水的输送。

这个过程通常很漫长，因为水需要穿过多孔的细胞膜或在细胞之间移动来让组织结构膨胀或者缩小，从而改变植物的整体形状。松果就是如此：我们已经知道它会随环境湿度的变化而张开或合拢（见“松果之舞”，第230页）。虽然因此产生的运动很慢，但却可以借助这些运动实现强力的种子散布，就像我们看到的那样，如爆炸般远距离喷射种子。

植物弹弓

蕨类植物借助的是犹如弹弓的机制（图2）。其孢子藏在叶下（这种特性让蕨类具有隐花植物之称），在差不多一毫米的小孢子囊中。孢子囊表面装备着一种坚固的弓，由十多个充满水分的细胞构成。遇热水分蒸发，造成压力降低：细胞逐渐蜷缩，弹弓发射！

当压力足够低的时候，会突然出现蒸汽气泡，细胞会突然变回原状。慢慢储存的弹性能在百分一秒内释放完毕，以高于每秒10米的速度喷射孢子！孢子受空气的阻力只能飞行几厘米。虽然距离很短，但足以让它们离开叶子，被风输送到更远的距离。

也存在其他爆炸性散播种子的方式。一些豆类植物就是如此，它们的豆子包在豆荚里，豆荚由两片连接的果皮构成。成熟时，豆荚在阳光下干燥，其外部材料和内部材料不均匀收缩，或在交叉方向上收缩，导致机械应力的积累。超过特定阈值，保持两片豆荚连接的附着力就被打破，豆荚突然开裂。包裹豆子的豆荚破裂会带来迅速的运动，豆子喷射的射程能达到一米远！

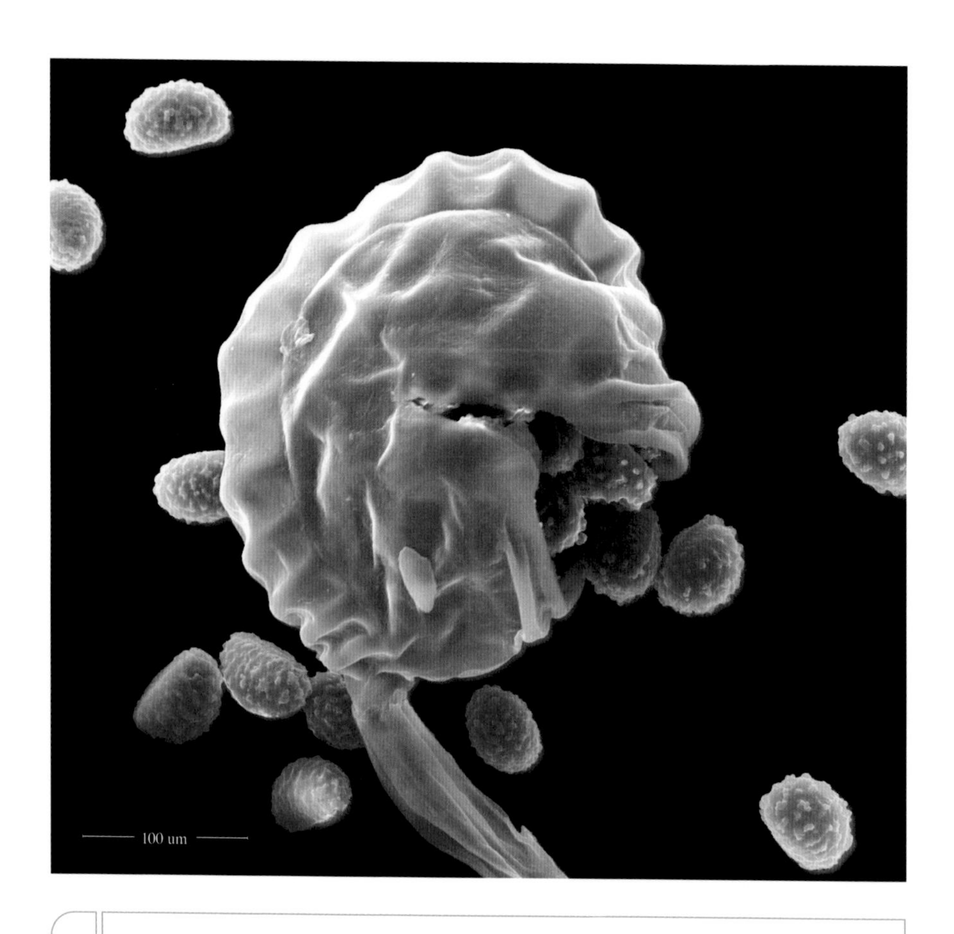

2 电子显微镜下看到的蕨类植物孢子囊，包含孢子（绿色）。干燥时，外环（蓝色）改变曲度，产生了类似弹弓的机制。

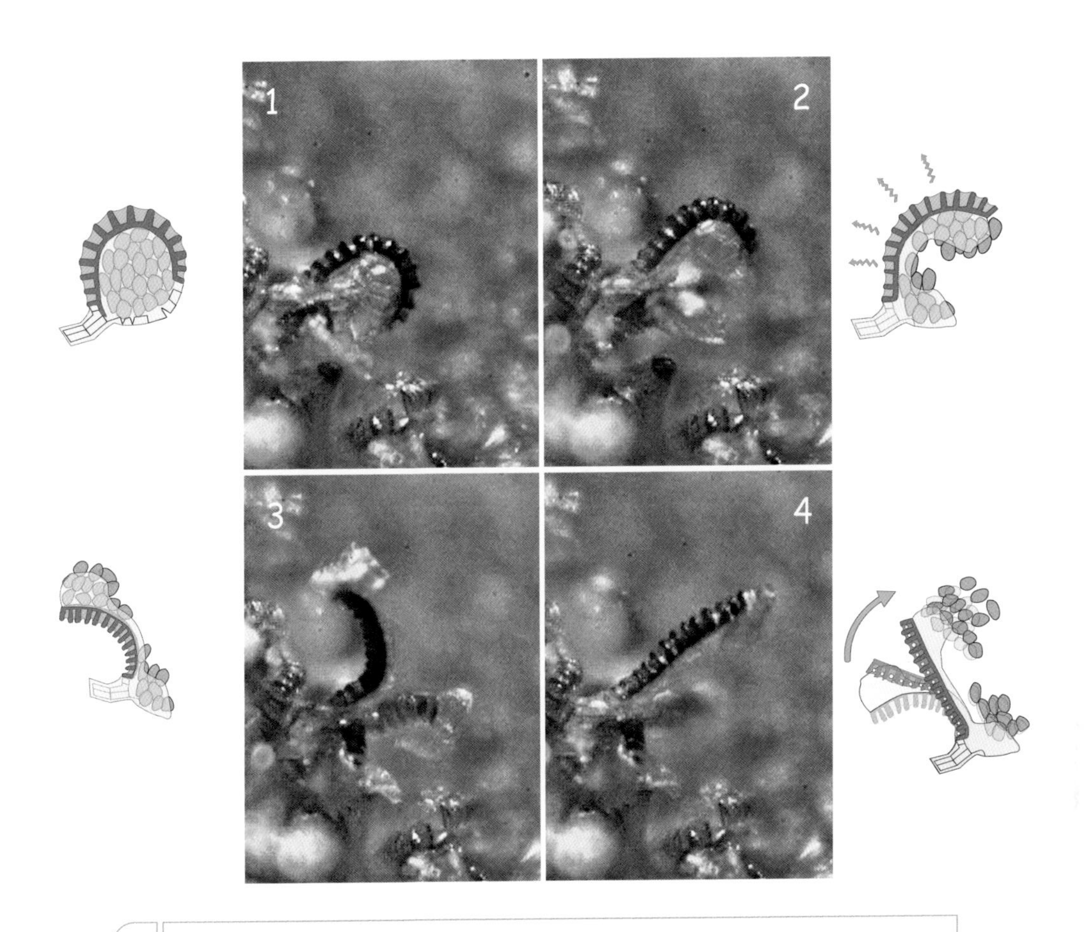

3

蕨类植物的叶子中藏着真正的弹弓。干燥时，在孢子囊（内含蕨类植物孢子的囊）表面构成弓形结构的细胞要展开这个结构，产生了一种类似扳机的机制。细胞残余水分剧烈的蒸发会造成膨胀，从而将孢子喷射出去。

食肉植物的暴躁

突然的活动并不仅仅是用来喷射种子的……你也许在卖捕蝇草的花商那里已经对此有所了解。捕蝇草是一种肉食植物，叶子能形成厉害的陷阱。每片叶子都分成两半，在陷阱布置好之时向外弯曲。不小心降落在上面的昆虫一旦触碰到叶子上的绒毛，叶子就会在瞬间合拢，就像捕狼陷阱那样。

没有肌肉的捕蝇草，怎么能那么快速地活动呢？你可能知道有种曾在20世纪80年代风靡一时的小玩具——半边弹跳球。半边弹跳球是橡胶做的，玩的时候先将其掰转，再扔到地上。受到落地的冲击，它会快速恢复原形，弹跳一米多高。

捕蝇草采用的是类似的机制。实际上，它的两半叶子由于其外形的缘

4 等待捕猎的开口捕蝇草（左图）突然转换弯曲度合拢叶片（右图）。

故，在力学上处于不稳定状态的边缘（见“弯而不折的花茎”，第212页）。刺激上面的绒毛会触发轻弹，使它恢复原形。之后需要好几天才能重新布置好陷阱，这段时间是水分穿过细胞壁并让叶片恢复不稳定状态所花的时间。狸藻也应用了这种不稳定结构，这是一种外形像羊皮袋的小型水生藻类，会突然吞噬小甲壳动物。

其他植物利用快速活动进行防御。含羞草会在人们触碰之时立即闭合，它也因而得名。风、雨或触碰的震动会产生电信号。电信号会让植物枝叶基部的细胞向临近的组织中排出水分。局部膨压的变化使枝叶闭合。含羞草甚至会针对触碰产生出不同程度的反应：触碰的力度越大，含羞草的叶子合拢的范围越大。植物的力量总会让我们惊叹！

实验

为了模仿捕蝇草，你可以拿一个半边弹跳球，将其慢慢掰转。当你让弹跳球落到地面上，它会在十分之一秒内回复半球状①。释放的弹性能让它能够跳出 1 米高。这就是无肌肉运动！

如果你想回到玩翅果的儿时，做个更慢的的实验呢？枫树的果实具有翅膀，会螺旋下落。裁长方形小纸条重现下落的效果②。在纸条的角上粘点胶水、粘一小块胶带或一点橡皮泥做为配重，然后将其抛下。根据其体积、大小甚至外形，这些种子模型会以不一样的速度旋转，随风飘走。

材料

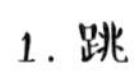
1. 跳

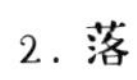
2. 落

琴弓的震颤

巴西的伯南布哥木，蒙古马的毛，这两种看似并没有多奢华的材料对于弦乐器而言却不可或缺——小提琴、中提琴、大提琴、低音提琴。但为什么是这两种带有异域风情的材料呢？琴弦和琴弓的二重奏会展现出什么样的对话呢？你会看到这是基于微振动的力学奇迹……

对于所有古典音乐爱好者而言，约翰·塞巴斯蒂安·巴赫（J.-S. Bach）的无伴奏大提琴组曲因其从乐器中迸发的力量和情绪变化呈现出一种完美。乐器有时听起来像是人声在哭泣或歌唱——作曲家安德烈·若利韦（André Jolivet，1905—1974）也将大提琴称为"挑剔的男高音"……但这种能引起强烈共鸣的乐器，它的奥秘是什么呢？

1	大提琴琴弓的弓毛摩擦琴弦，产生声音。

为了搞清楚这个原理，让我们看一下音符是如何产生的。当拨奏羽管键琴或吉他的琴弦时，它们会振动，发出声音。钢琴产生声音的机制也是如此，唯一的区别是振动是由钢琴琴槌敲击钢丝弦产生的。而弓弦乐器在琴弦和琴弓之间建立了丰富得多的联系：音符就是由琴弦和琴弓接触点的微振动产生的！得益于这个奇异的效果，琴弓成为了弓弦乐器的秘密武器；某种意义上来说琴弓是乐师手臂的延伸。很简单，按照意大利作曲家乔瓦尼·巴蒂斯塔·维奥蒂（Giovanni Battista Viotti，1755—1824）的话来说，“小提琴，就是琴弓”。

伯南布哥木琴弓

琴弓在 19 世纪才有如今的外形，并获得了重要地位。最初是在图尔特（Tourte）作坊，随后在帕斯瓦（Persoit）和皮卡（Peccatte）作坊。图尔特、帕斯瓦和皮卡是一系列在法国琴弓制造史上留名的琴弓制作者，和斯特拉迪瓦里（Stradivari）与瓜奈里（Guarneri）家族在小提琴制造史上的地位一样。观察琴弓的弓杆：它的轮廓呈现出美妙的弧形，从弓根开始逐渐变细。在 16 世纪时，最初一批意大利的乐器演奏家手中的琴弓是凸形的，像弓一般。如今的凹形让木制弓杆能够更靠近弓毛。弓毛的张力作用在弓杆上，如同力量较弱的杠杆臂，限制了木头的弯曲度。同样因为这种张力，可以把弓杆做得更细长、更轻盈方便。

弓杆由伯南布哥木制作而成，这是产自巴西东北部的一种稀有、受保护的树种。这种木材密度特别高，没有木节疤，刚柔并济，使得音乐家可以调节作用在琴弦上的压力。在琴弓的弓根和调节弓毛松紧的螺丝上有珍贵的象牙、乌木、螺钿作为装饰。稀有材料和异域材料的使用让琴弓造价很高，有时会和乐器本身一样昂贵。这与文艺复兴时期的乐器形成对比，那时的乐器就地取材，就像一些当代手工艺者那样（图 2）。

来自寒冷之地的马毛

马毛如何？现代琴弓的弓毛很有讲究。虽然乐器制造者会使用肠衣、钢丝或合成纤维制成琴弦，但弓毛的材料选择范围有限得多。弓毛几乎只用马尾毛制作。拜托，可不是什么马毛都行！最高等的马毛来自生活在西伯利亚或蒙古大草原上生长缓慢的种马，因为它们的马毛质地最均匀。令人吃惊的是，这种昂贵的马毛从未被其他纤维或现代合成材料取代。

2 阿列日省的琴弓制作师科恩·恩格尔哈德（Coen Engelhard）利用当地材料制作出这个维奥尔琴的琴弓：合欢木和背景中白马马尾上的毛。

马毛具有难以模仿的特质。为了确定这些特质，我们得借助电子扫描显微镜。我们看到马毛外部具有鳞片状质地（图 3）。这是天然毛发的特征。这种特征解释了为何在人们抚摸羊毛时羊毛会缠结：鳞片相互纠缠在一起，将毛发变成连续的纤维。

这些鳞片在发声机制中起到什么作用呢？很难给出一个明确的答复，因为为了理解弓毛和琴弦之间的相互作用，需要考虑发音不可或缺的第三要素：松香。松香是来自于松树的植物蜡，常常被乐手涂在弓毛上。演奏时，松香在摩擦的作用下局部升温，黏度会下降，并跑到琴弦上（甚至琴弦也会局部融化）。这种升温直接来自琴弓与琴弦摩擦的复杂机制。

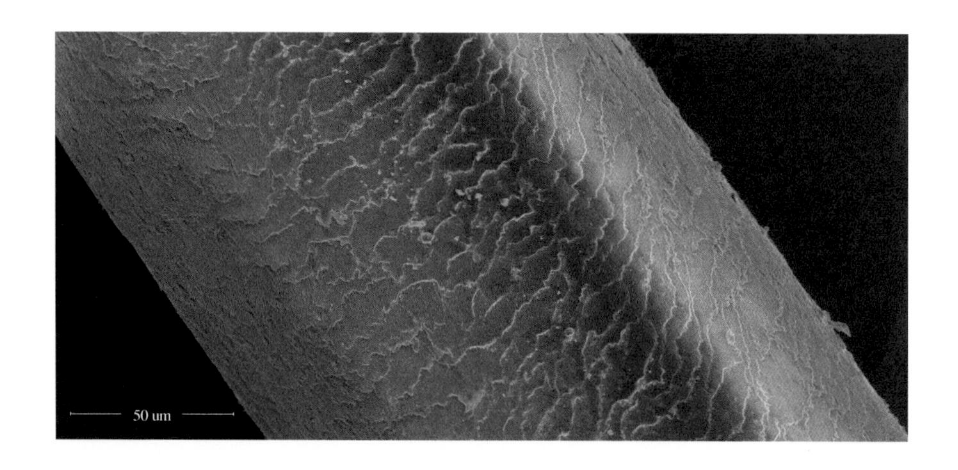

3 电子扫描显微镜下的白弓毛（直径为十分之一毫米）。朝向同一个方向的鳞片（头发上也存在）让松香牢牢固定在弓毛上。然而看起来松香似乎并没有在发声机制中起到直接作用，发声机制中，两个方向上摩擦力相同。

黏滑的艺术

虽然德国物理学家赫尔曼·冯·亥姆霍兹（Hermann von Helmholtz，1821—1894）因其在物理学和机械学上的卓越贡献而知名，但他也是描述摩擦琴弦发声机制的第一人，他还对乐器的声学原理做出过其他重要贡献。摩擦琴弦发声涉及**静摩擦**阶段和**动摩擦**阶段之间的转换，静摩擦阶段琴弦与琴弓弓毛保持相对静止，随着琴弓弓毛的拉动而伸长（这里需要松香不可替代的作用），动摩擦阶段琴弦滑动。

为了理解这两个概念，想想当你试着在地上推动家具时会发生什么。当你的推力不够时，家具不动：产生与你的推力相抵的摩擦力，而家具保持粘在地板上的状态。这种力被称为静摩擦力。但当推力超过阈值，家具被向前推动：这是动摩擦阶段。你会注意到如果你继续推，用到的力量比第一阶段中推不动家具时的力还要小。

这就是琴弦被琴弓拉动时发生的事：只要琴弦受到的张力不够大，琴弓就会带着琴弦跟它一起动，琴弦随之变形。然后当静摩擦力超过阈值，琴弦与琴弓分离并滑动，直到琴弦的挠曲变得足够微弱，就又会和琴弓粘在一起……一切重新开始（图 4）。这一系列动作构成了运动**周期**——两种摩擦交替的时间——乐器由此奏响音符。

你肯定知道振动发声的另一个例子：稍稍浸湿的手指在玻璃杯杯口上的摩擦（图 5）。相对而言，手指就像琴弓摩擦琴弦，杯身就像小提琴的共鸣箱。

再往大里说，相同的现象也出现在地壳中，表现为剧烈的地震。两个沿断层接触的地质构造板块相互施加剪力。根据大陆漂移学说，剪力会不断增加；当超过静摩擦力阈值时，两个板块开始滑动，产生地震。从某种意义上来说，研究小提琴、中提琴、大提琴或低音提琴的音乐能让我们更加理解地震的产生！

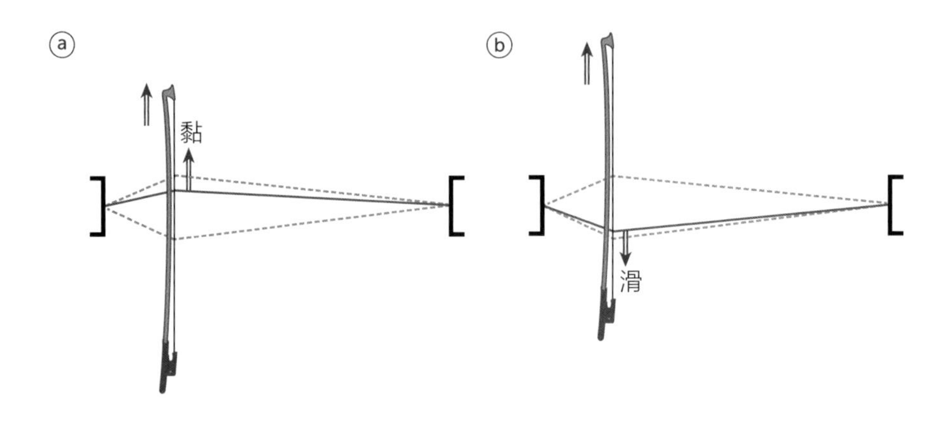

4

图示为琴弦相对于琴弓运动的两个阶段，这两个阶段会不断重复。（a）第一阶段，琴弦黏着在琴弓弓毛上。（b）当琴弦的张力足够，琴弦脱离琴弓，在弓毛上滑动，直到琴弦的挠曲足够弱，再重新黏着在琴弓上。

5

黏滑现象在音乐方面的另一个体现则是会唱歌的玻璃杯。演奏者先弄湿手指，以削弱玻璃杯的黏着性。手指在玻璃杯上的摩擦产生了一系列黏着和滑动，让玻璃杯振动。拿一组盛有不同水量的玻璃杯，调节产生的音符，我们或许能够演奏一曲。

实验

我们可以在我们的尺度上观察黏滑的交替。为此，将长而软的橡皮筋固定在放置于水平面上的小木块上，然后匀速拉动橡皮筋。和小提琴进行类比，固定的平面就是琴弓，橡皮筋－木块体系代表琴弦。因此这个现象是从琴弓的角度观察的，相对其而言，琴弦的接触点匀速运动。只要橡皮筋没有被拉伸得很厉害①，作用在木块上的拉力就不足以让木块活动：这和琴弓的黏着阶段一样。

当橡皮筋达到足够的拉伸程度②，木块突然运动③：这是滑动阶段，在此阶段橡皮筋变松弛。木块停止，周期重新开始④⑤⑥，就像琴弦因琴弓弓毛产生的周期活动一样。

这个模型实验经常被用来表现地震的机制。虽然本实验中黏滑现象以十分迅速的周期重复，但在地震中很慢，地震的出现周期不仅是百年一遇的，而且没有规律可循。实际上，在地震的情况下，地质断层范围很大，可能出现很多摩擦点。某些点可能会滑动，随后突然造成其他点雪崩式地一齐滑动，引发大规模地震，而如今我们还尚未能对此加以预测。

材料

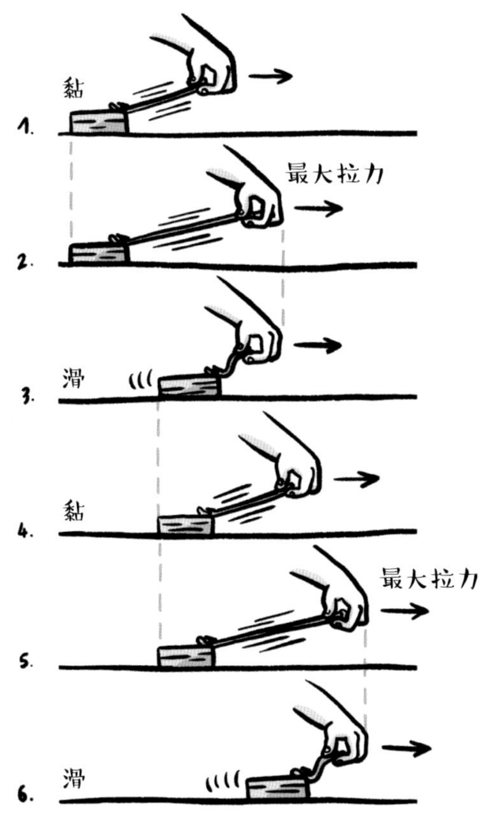
黏
1.
最大拉力
2.
滑
3.
黏
4.
最大拉力
5.
滑
6.

不安分的沙粒

观察简单的一堆沙是学习科学的好时机，因为你有机会看到固体像液体般流动。在此过程中，物理学家终于理解了沙子如何通过摩擦力塑造出规则又一致的形态。

用**沙漏**来抓住时光……早在 13 世纪，水手们就开始用沙漏在海上定位。沙漏变得如此常见，以至于在艺术作品中常用来象征着无情的生命过程，周围通常放着骷髅头或其他代表**虚无**的东西。如今，沙漏不过是装饰品，需要用艺术家或物理学家的眼睛来揭示其中的奥妙。

1

这个二维的沙漏是艺术家让－贝纳尔·梅泰（Jean-Bernard Métais）的作品（《时间的配给》，2000）。长方形的细长格被水平的带孔隔板分开。沙子的流动在格子内产生了三角形沙堆，其外形与上一层几乎对称。

普遍存在的角度

让我们更仔细地观察沙漏的下半部分以及沙子漏下形成的沙堆。说真的，“堆”这个字是有误导性的，因为这会让人想到无序、放任自流之类的状态。但即使在最平淡无奇的形式中（如挖掘机留下的土堆），我们也能够辨认出规则的圆锥形。它的外形可不是偶然产生的。如果我们在已经成堆的沙子上继续倒沙，额外的沙粒会扩大这个圆锥形，原沙堆的倾斜度不变，也就是坡度为常量。如果慢慢倾倒沙粒，在保持沙堆稳固度的范围内，是可以让沙堆变得更陡的：但只要表面受到扰动，就会形成一场沙崩，将倾斜角度拉回平衡值。研究员证明，这个角度取决于微粒的性质，粗糙或不规则的微粒倾角更大（介壳砂、粗砂、砾石）。但有趣的是，倾斜度与微粒大小无关。

这个神秘的角度取决于什么物理要素呢？和潮湿的沙子不同（见“沙堡的奥秘”，第168页），干沙堆并不具有内聚力。但沙粒有重量，当沙堆的倾斜度没有达到平衡角度时，沙粒与沙粒之间摩擦，相互阻碍。这个情况与放置于倾斜表面的砖相似：如果倾斜度没有超过静摩擦角度阈值，砖会保持固定状态，这个角度取决于材料的接触面（见“琴弓的震颤”，第248页）。

捕猎陷阱

有种昆虫是天生的物理学家，懂得利用坡度：蚁狮。它的幼虫在沙堆中打洞，自己钻入沙堆中，以此捕食猎物（图2）。对于恰巧在这个漏斗形坑附近逡巡的蚂蚁而言这可是十分厉害的陷阱：蚂蚁爬回坚固地面的绝望努力会导致沙崩，让这个可怜虫距离无情的捕猎者更近。蚁狮的幼虫只需守株待兔，等待它的盘中餐直接掉入口中！有时，蚁狮会通过弹射一阵沙粒，发动沙崩，加速可怜猎物的掉落。然而存在最佳大小的猎物：太轻的昆虫能够爬出沙坑而不会扰动坡面。相反，太重的甲虫能够沿着斜坡挖出台阶。

2

“蚁狮会在沙子上做一个倾斜的隧道。这里的牺牲者是蚂蚁。蚂蚁一旦误入歧途，便会从这个斜坡上不由自主地滑下去，然后，马上就会被一阵乱石击死。这条隧道中守候猎物的猎者，把颈部做成了一种石弩。”让－亨利·法布尔(Jean-Henri Fabre)《昆虫记》，1879。

神秘的新月形沙丘

在日本，枯山水庭院的沙砾图案引人冥想。对于见过撒哈拉沙漠的人而言，沙丘的海洋具有同样使内心平静的力量，不过规模不同。这或许因为沙丘或多或少就是……大型沙堆。因此它们具有相同的属性，特别是坡度。和外表看起来不同，沙丘会随风不断变形、移动，风将迎风沙粒搬运到背风坡。

在各种各样的地貌中，新月形沙丘月牙形的外观是最美的地貌之一(图 3)。新月形沙丘是在盛行风的作用下形成的，出现在受信风吹扫的海岸或受干

3 图中新月形沙丘由左侧来的风塑造而成。沙丘表面垂直于风的纹路与在低潮海滩上形成的纹路相似。

燥的东北风，即哈马丹风肆虐的撒哈拉沙漠。被风带走的沙粒跳跃前进（我们称之为**跃移**），落到正在成形的沙丘上，攀登迎风坡的缓坡。到达坡顶后，沙粒以沙崩的形式从凹面陡坡（坡度为均衡坡度）滚下。一次沙崩接着一次，每年新月形沙丘都能前进几米，如果沙丘体积小，向前挪动的速度会更快。有时沙崩还会伴随着被诗意地命名为“鸣沙”的声音。鸣沙第一次出现在马可·波罗的记载中，而物理学家近年来才了解了其中的奥秘。鸣沙来自上层运动的沙粒与下层固定的沙床之间的摩擦，上层沙粒像鼓膜一样振动。

完全无需去远方旅行就能欣赏到大型沙丘：皮拉（Pilat）沙丘是欧洲最高的沙丘，居高临下，高 110 米，位于阿卡雄（Arcachon）盆地的入口处。

火星上的新月形沙丘？

在 2000 年年初，向火星发射的探测器证明了地球并非唯一具有沙丘的星球，这颗红色行星上也存在绚丽的沙丘（图 4）。火星上沙丘的外形和它的表亲撒哈拉沙漠的沙丘外形相同，但却比撒哈拉沙丘大十倍！相反，地球上水下的沙丘则只有陆地上的同质沙丘的百分之一那么大。沙丘的这种同质性是老天给予物理学家的恩赐：对沙丘的对比研究可以确定陆地沙丘成形的类型。

沙丘能长多大是有严格限制的，取决于沙粒的密度与它所处流体的密度之比。水下的沙丘，其所处流体的密度是空气密度的一千倍，能够长出来的沙丘是沙漠上的千分之一，而长在火星稀薄空气中的沙丘，可以比地球上的大三十倍。

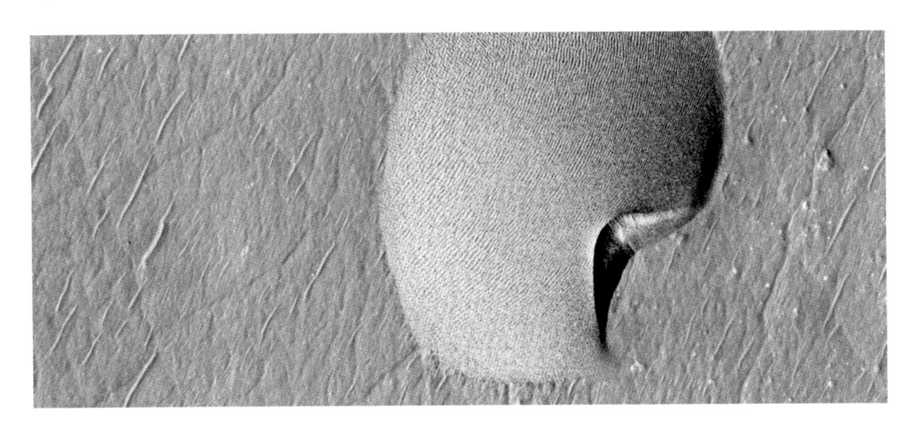

4　来自图中左边方向的盛行风将沙粒堆积在火星沙丘高处，和地球上的风力沙丘相似。沙崩沿着下方陡坡滚落，使沙丘得以前进。我们可以看到沙丘穹顶规则的纹路，与地球沙漠中的纹路一样。

实验

为了观察沙粒的滚落，在装 CD 的薄而透明的塑料壳中装三分之一沙粒①，然后用胶带封口②。将其慢慢在垂直方向上旋转。最初水平的沙层逐渐倾斜③ ④，直到达到某个临界角发生沙崩，这个角度即崩落角 θ_m ⑤。沙粒流动，坡度逐渐减小，在一个平衡值处固定不动，这个平衡值就是休止角 θ_r。

角度的数值取决于沙粒的性质及其表面的状态，但这两个阈值是普遍存在的。你可以用大小不同、颜色不同的沙粒重新做这个实验，将会呈现出分层化的美丽效果。

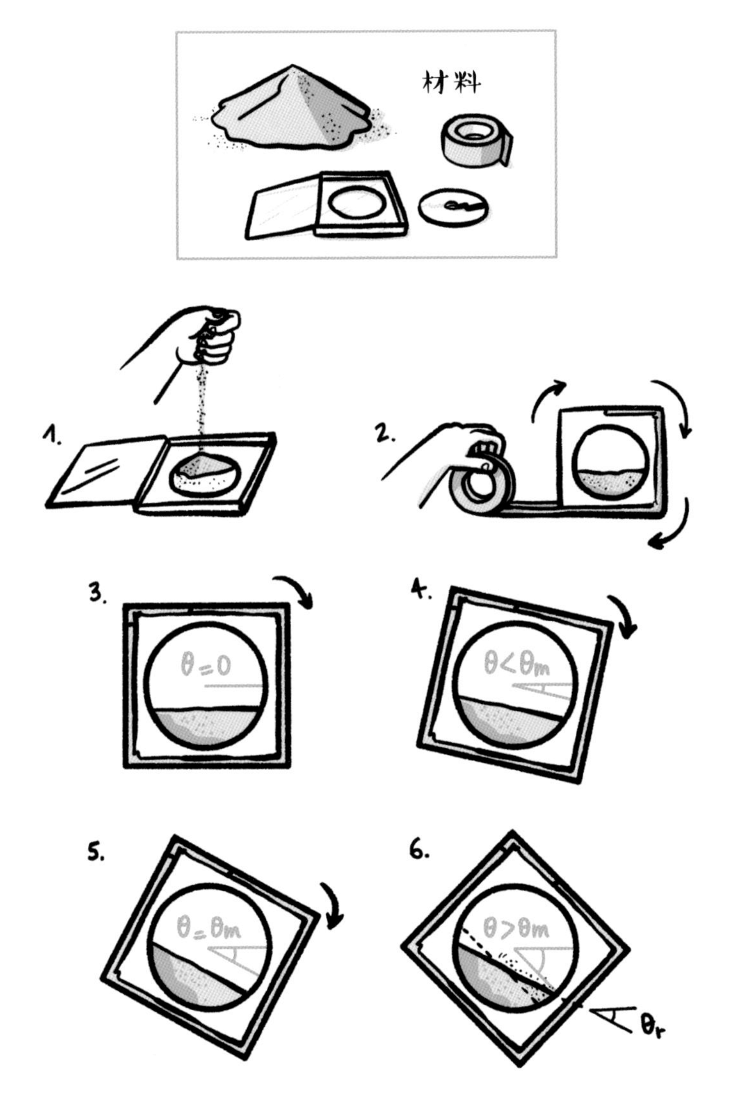
材料
1.
2.
3.
θ=0
4.
θ<θm
5.
θ=θm
6.
θ>θm
θr

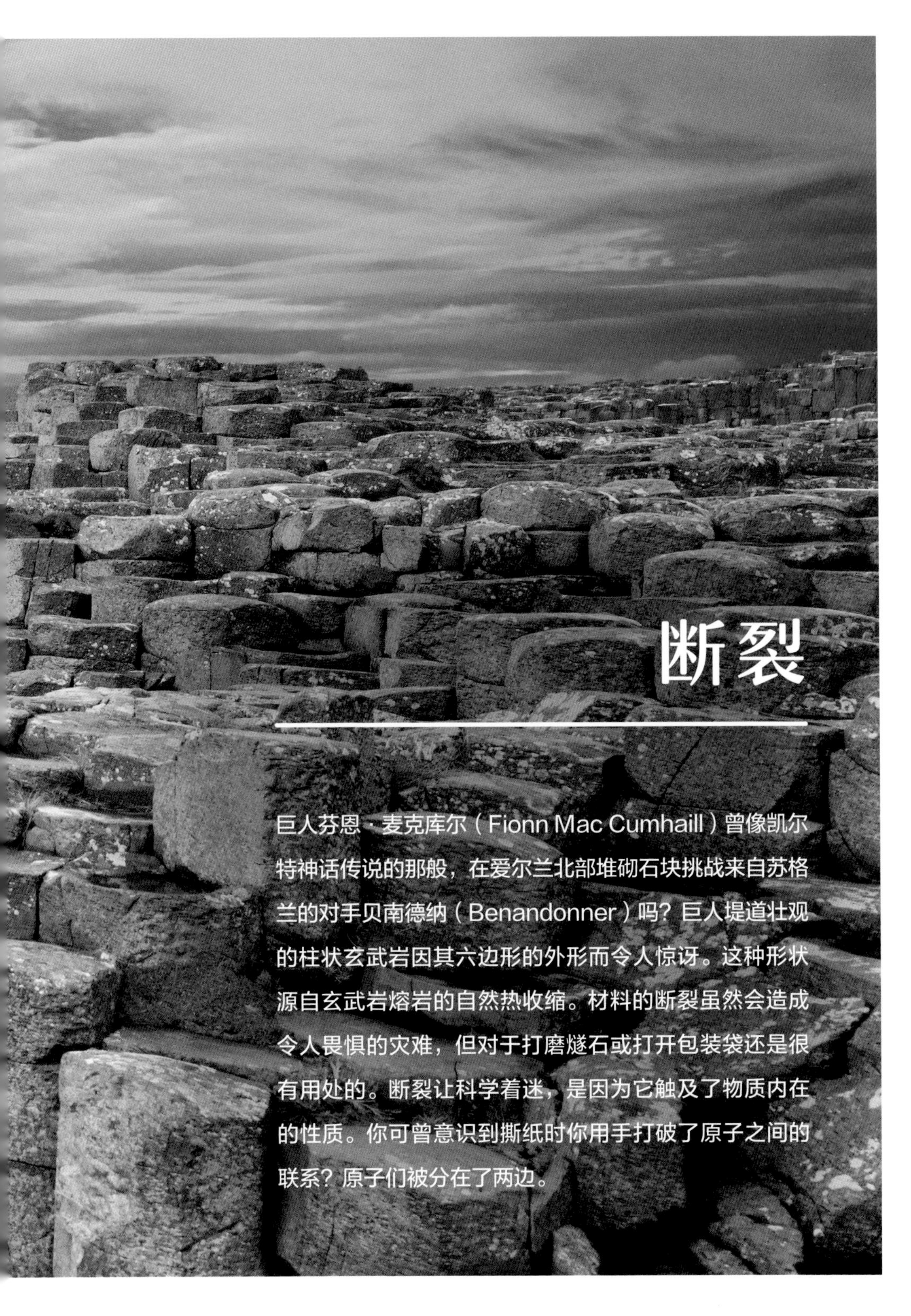

断裂

巨人芬恩·麦克库尔（Fionn Mac Cumhaill）曾像凯尔特神话传说的那般，在爱尔兰北部堆砌石块挑战来自苏格兰的对手贝南德纳（Benandonner）吗？巨人提道壮观的柱状玄武岩因其六边形的外形而令人惊讶。这种形状源自玄武岩熔岩的自然热收缩。材料的断裂虽然会造成令人畏惧的灾难，但对于打磨燧石或打开包装袋还是很有用处的。断裂让科学着迷，是因为它触及了物质内在的性质。你可曾意识到撕纸时你用手打破了原子之间的联系？原子们被分在了两边。

史前的瑰宝

小心地摆放在博物馆展示柜中的手斧，激起人们对于史前时期的兴趣。然而……仔细观察，某些手斧的精致程度与对称的雕琢，让人们联想到如今的钻石。这其中是否存在某种艺术意图？

这些手斧是我们那些遥远人类祖先最古老的遗存之一，它们或许并非作为工具，而是……珠宝。手斧仍是个史前之谜。人类至少在 170 万年前就已经做出手斧了，最开始用于切割动物死尸上的肉和用于狩猎，很晚之后，也用于农业。但某些手斧却在宝石商人那里占有一席之地，得益于其完全对称的梨形外形，就像英国皇冠上的库利南（Cullinan）钻石一样（图 4）。

1

一块被雕琢得极美的 50 万年前的石头！这块手斧被雅克·布歇·德·佩尔特斯（Jacques Boucher de Perthes，1788—1868）在阿布维尔（Abbeville）发现，在 1867 年的世界博览会中展出。它被称为阿舍利手斧，因同一地区的圣阿舍利（Saint-Acheul）遗址而得名。

人类学家让－马里·勒·唐索雷（Jean-Marie Le Tensorer）在这些史前时期的**珠宝**中看到了和谐和艺术创作的开端。他对此的理解基于手斧上并没有任何作为工具被使用而留下的微小划痕这一事实。如果没有实用性，那么这些绝美的手斧应该就是用来作为装饰的。

金石之声

我们的祖先是如何得到这么美丽的手斧的？首先需要一块高质量的石头。原材料——燧石——出现在石灰土或黏土中，呈结核状。燧石和玻璃一样坚硬而易碎，破碎时形成带刃的锋利碎片。实际使用中，燧石工具轻易不会变形。和现代以耐用著称的陶瓷刀具情况一样（见“微粒烧结的传奇”，第 194 页），只要掉在地上就可以将燧石摔碎！

燧石的结核由充满二氧化硅的海水或湖水的沉淀作用生成。二氧化硅的化学分子式为 SiO_2，诸多矿物都含有二氧化硅，它们来自大陆地壳、海洋火山硅酸盐矿物风化或海洋有机体含硅外骨骼分解产生的种种含硅矿物。理想情况下，好的燧石结核不应该具有容易让它碎成几片的瑕疵或杂质。简单的确认办法是敲打结核，并聆听产生的声响：如果发出金属的声音，意味石块质地均匀。

人类的妙手

我们可以重现我们祖先将这些结核转化为手斧的行为吗？在燧石制造遗址旁边的垃圾堆中有打制工具的痕迹，这些痕迹帮助诸如雅克·佩莱格兰（Jacques Pelegrin）这样的人类学家复原打制的方法（图 2）。我们的祖先首先用卵石敲打燧石结核，将其击碎。随着时间的流逝，石头逐渐变小：手工雕塑家用鹿角代替石锤继续敲打，鹿角十分坚硬，能够更准确地在燧石的两面进行敲击。最初的粗糙手斧，制作于一百万年以前，最晚的手斧则出现于一万年前的新石器时代（此时它们部分被磨制石器取代）。漫长的发展让人类能够更加精细化操作，制作出更加锋利的工具。

通过精准地抵在燧石上的硬木进行间接敲击，是人类迈向新石器时代的又一个标志。敲击者选一个想要打出断口的地方，在此处使用工具剥片。工具造成的冲击引起的塑性变形表现为小的凸缘和规则的皱痕，这是敲击

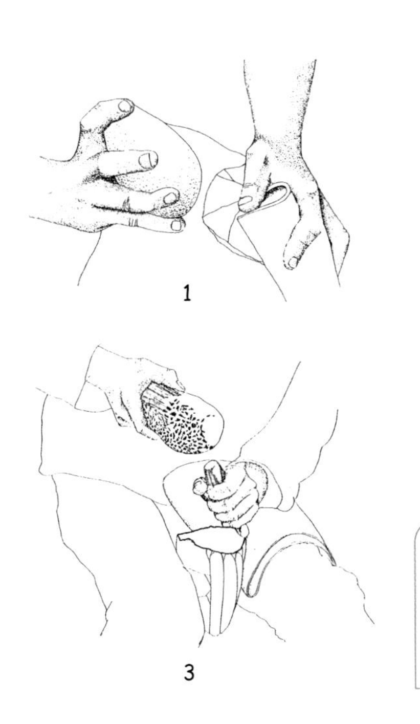

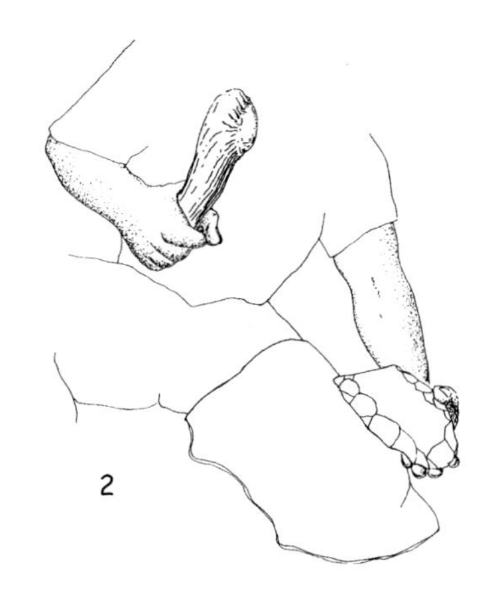

2 打制技术：1）用卵石直接敲击；2）用鹿角直接敲击；3）间接敲击，这种方法大概用于打制图 3 中的燧石。

波的标志（图 3）。这个光滑表面被称为“贝壳状断口”，因为形状像贝壳的开口。讽刺的是，我们的祖先全凭经验掌握了断裂动力学问题，而这些问题至今在基础力学中仍未有定论！

还有最后一种断裂方式，那就是将木棒紧压在上面，这木棒被称为**撑脚**，要精准地放在燧石核的某个面上。这项技术出现在五千年前，在制造锋利刃片方面特别有效。对于木棍的强大压力会使其轻微弯曲，因此会储存可观的弹性能。石头破碎时，弹性能突然释放，一下击碎燧石。这项技术不仅可以控制断裂的方向，还能够避免出现冲击波的划痕。这项技术发展到可以大批量生产极锋利的刀片，刀片在当时是贸易交换的货物：我们在汝拉（Jura）、瑞士甚至荷兰，都曾发现产自都兰的刀片！

现代手斧

虽然如今的钻石和手斧的外形相同，但钻石的切割和燧石的打磨没有什么共通的地方。**钻石切工**努力的目标是让成品看起来更富有光泽。这项任务非常难，因为钻石是世界上最坚硬的材料。只能先沿特定晶面的方向施加冲击进行切割，之后再用覆有钻石粉的工具，或拿另一块审美价值较低的未加工钻石（**圆粒金刚石**）与之摩擦才能对钻石进行切削、打磨、抛光。钻石晶面的规则几何形使射入的光线可以在钻石内部反射、散射多次，这也是因为钻石有很高的折射率（2.55，而玻璃只有 1.5）。这是一项艰难的工作：传统切割方式，也就是明亮型切割，共有 57 个面。

切割第一步旨在用同一块原材料切出多块宝石，同时尽量减少材料的耗损。1905 年在南非的德兰士瓦（Transvaal）发现了一块未加工的大块无

3

“一磅黄油”型燧石（或石核）——之所以叫这个名字是因为它的外形像是在木模具中压出来的黄油面包——边上是从它身上剥取的大片石刃（约公元前 2500 年，阿比伊，勒格朗普雷西尼史前博物馆）。第一下敲击落在石块左侧，也就是它的根部。我们可以通过左侧的原始凸缘（蓝箭头）以及一系列周期性向前的小波纹（绿箭头）辨认出石核。

杂质金刚石，重 620 克（或差不多 3100 克拉），名为库利南。这块金刚石被进贡给英国国王，一位安特卫普的钻石商用这块库利南金刚石切出了九块大钻石以及差不多一百块明亮型切割的小钻石，其中有些直径小于 1 毫米。珠宝手工艺者和艺术家既是光学家，也是几何学家和机械学家，这个行业要求极高。在法国，其代表是上汝拉（Haut-Jura）地区的珠宝商，这里的珠宝切割传统可以追溯到 16 世纪。

实验

你可以用巧克力重现打制石头的行为，而不会有任何危险！将一块制作蛋糕用的巧克力加热使其熔化，搅动巧克力酱使之质地均匀①。将巧克力酱倒入圆柱体的容器中，然后放到冰箱里②③。你会看到巧克力结核④，你可以用木刻刀和木槌剥片⑤。

在品尝奇怪的巧克力片之前，花时间观察巧克力片的光滑表面和断裂纹理！

4 梨形钻石，比如英王皇冠上的库利南钻石，有 74 个刻面，让人们联想到史前时期打制的石器。

材料

1.
2.
3.
4.
5.

尖形裂口

一张海报的裂口，为什么会同时引起艺术家和物理学家的兴趣？因为它展现了一幅美丽的集体作品，也能帮助我们理解飞机机身开裂的原因。

下页是现代艺术家雅克·维勒格雷（Jacques Villeglé）的作品，第一眼看上去会让人联想到白色和蓝色的飞鸟，翅膀又尖又长。但仔细一看便会发现，看上去像彩色叶状拼贴的部分实际上是贴了好几层海报的栅栏。路人扯掉了这些海报的一部分，露出下面反差强烈的色彩。当这些层层叠叠的东西被裱起来挂在博物馆墙上，这些城市中的碎纸就不再是一文不值的废物，而是进入了艺术的王国。

1 《天空的碎片》，雅克·维勒格雷，1964年8月17日

对于维勒格雷而言，这幅不用画的抽象画是众多无名艺术家的集体作品。对于物理学家而言，被撕开的尖形裂口产生的无法预料的图案，反映了这些薄纸是如何发生断裂的。你记得自己上一次尝试从透明胶带卷上撕下一段胶带时的场景吗？——这常常令人心烦。如果你不能成功地撕下完整宽度的胶带，结果就几乎不可能弥补了：撕开的部分会精确地保持同样的三角形，变得越来越窄，越来越难撕！

在飞行中撕裂

如果我们留心观察，会在各种薄膜的断裂中发现尖形裂口。所谓薄膜是指厚度远小于长度和宽度。这类薄膜十分柔韧，一般作为包装材料——比如圣诞节的礼品包装纸。

2 仔细观察，撕开用沸水烫过的西红柿皮，你也会看到尖形裂片。

往更大一些说，板材和铁皮也和薄膜相似。因此飞机的机身可以被视为一层极薄铝皮包裹的结构；因而，在破裂的情况下会出现同样形状的裂口。

阿罗哈航空公司（Aloha Airlines）的波音 737 在 1988 年付出的代价表明了这一点：在飞往檀香山的途中，机身的上部在 7000 米高度失压，随后破损——幸运的是飞行员成功让损坏的飞机迫降。和透明胶带或撕破的纸一样，机身呈现出一系列尖形裂口。在其他尺度上，给烤过的青椒或沸水烫过的西红柿剥皮（图 2），你可以观察到同样类型的裂口。

尖形的来源

为什么这些尖形裂口如此普遍呢？在这个现象中起作用的是薄片的“薄”。为了理解这件事，让我们看看西红柿：当我们剥西红柿的皮时，它会在被剥开的地方强烈地折叠。这是薄片普遍存在的特性，折叠薄片比拉伸薄片更容易（请用一页纸试试……）。只有在果皮沿着折痕弯曲得十分厉害时，才会出现裂口。裂口扩张，使得被弯曲的区域变小，这样就减小了形变。因此当我们剥西红柿皮的时候，果皮折叠的区域自然而然地倾向于变窄。当我们撕下一条的时候，裂口一边延长，一边变窄：撕下的裂片呈尖形。

得益于透明胶带的诺贝尔奖

同样的裂口机制也适用于微观尺度。你知道科学家们能够制作出来的最薄的薄片是什么吗？是石墨烯薄片，由排列成六角形的单层碳原子构成——这个形状让人联想到厨房的地砖。这种惊人的材料在2004年因石墨烯易分离的特性而被发现……

一切开始于曼彻斯特大学“星期五晚”的实验，这是每周实验室研究员聚在一起尝试有点疯狂但很有趣的点子的聚会。那天晚上，安德烈·盖姆（Andre Geim）和康斯坦丁·诺沃肖洛夫（Konstantin Novoselov）观察到可以从大块石墨中撕下极薄石墨烯（也就是铅笔芯在纸上留下一条黑色石墨笔迹的可控版本）。怎么提取呢？只要在上面粘一层透明胶带，然后一撕！

以同样的方式从已经很薄很薄的石墨层上再移去石墨，直到在胶带上获得单原子层石墨。虽然看起来非常不可思议，但是研究员确实仅仅用透明胶带分离出单层原子的石墨烯！然而，经常出现的情况是，连续的分离会产生部分破裂的薄膜，因而也会看到出现美丽的尖形裂口。如今，石墨烯被认为是未来的材料。它在电子和机械方面的突出特性，让人们设想了很多技术领域的应用（见“奇异的纸团”，第148页）。言归正传，石墨烯为其发现者赢得了2010年诺贝尔奖。概括一下石墨烯的故事就是：如何实现最大程度的材料分离？用铅笔、透明胶带以及……多撕几次！

3

石墨烯的自动开裂：图中，一层石墨烯被微型的金字塔形钻石刺穿，在其底部留下痕迹（深色部分），产生了三个尖形裂痕。但是什么在微米级长度上撕开了舌状裂片呢？是石墨烯自身强大的亲和性使撕裂的碎片折叠了起来，以增大自我接触的区域。

实验

将透明胶带粘在易清洗的平面上①（比如能够擦拭却不会损坏的瓷盘）。割两个口子②，然后拉扯切开的胶带③：最终不可避免地形成三角形的尖裂口④。重复这个实验，改变原始切口之间的距离，你会发现，如果以差不多同样的速度拉扯，舌状碎片的长度会因此产生变化，但裂口尖端的角度保持不变……用研究员的话来说，就是得到了“稳健”的结果！

尖形裂口的角度也多少取决于拉扯的速度。如果我们快速拉扯，胶带的有效附着力更强，导致形成的裂口三角形更钝。反之，如果慢慢拉扯，你会得到更尖的形状：附着力越强，人们拉扯裂片的力量越大，折叠部分弯曲度越高，裂口朝向内侧收拢的效率就越高。我们也可以用塑料包装纸得到尖形裂口，将其平铺在一个平面上，不用任何黏合就行。在这种情况下，碎片并不是精准的三角形。

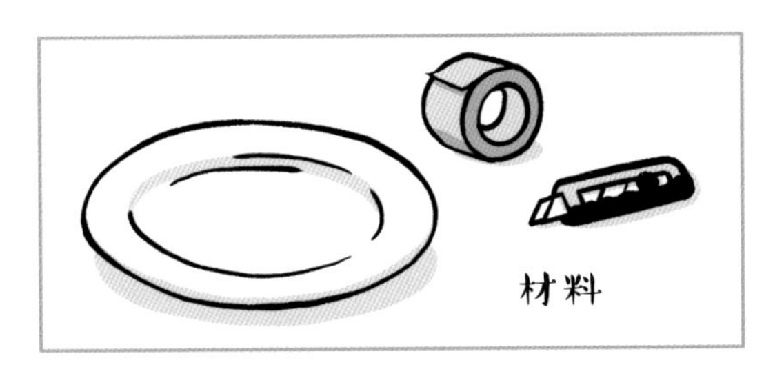
材料

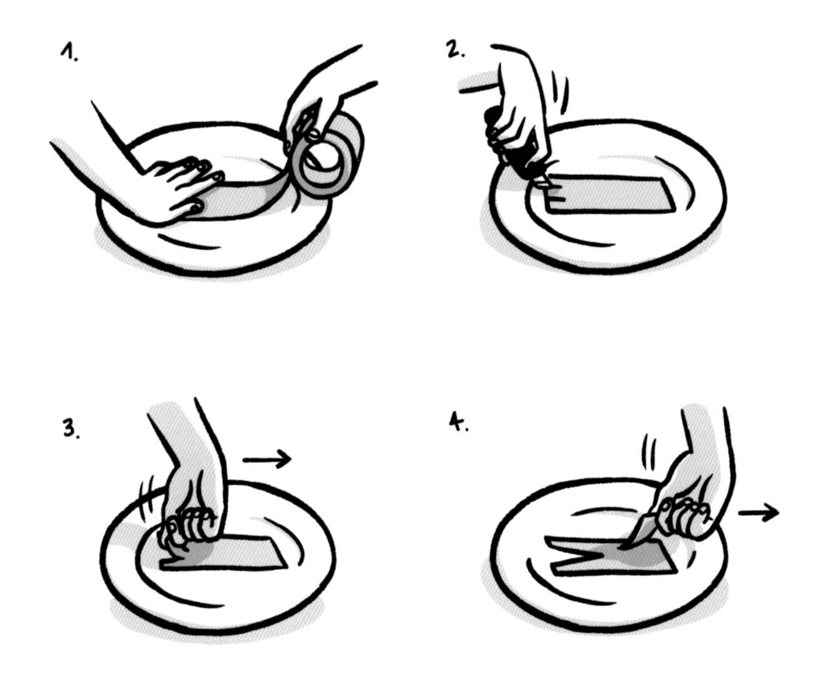
1.
2.
3.
4.

生菜叶的几何学

为什么生菜叶、某些海蛞蝓以及撕裂的塑料膜都具有一样的波状起伏呢？在这些相似性的背后隐藏着什么物理原理？

它们一个属于动物界，一个属于植物界，却相似得让人分不清。一边是生菜，是众多叶片褶皱的蔬菜之一，另一边是一种水生蛞蝓——莴苣海蛞蝓，是偶尔入侵我们菜园的陆生蛞蝓的远亲。这种软体动物发展出了令人拍手称绝的伪装技能：它能伪装成藻类，避免被肉食捕猎者吞食。生菜和海蛞蝓都有波浪状的褶边，让人们想到巴洛克风格的装饰。当然，自然界形态的丰富性和多样性常常令人惊奇，但如何解释这种趋同性呢？

1 生菜还是海蛞蝓？生活在热带水域中的这种身长几厘米的软体动物莴苣海蛞蝓，和我们市场上的生菜有什么共同之处？

让我们先暂时忘记生物世界的事情。研究员为了理解这些波状褶皱的来源，将兴趣点放在了完全不同的环境中观察到的褶皱形式：塑料袋。这可不是随便什么塑料袋：是我们在柜台购买的厚塑料袋。试着撕这种塑料袋（或垃圾袋）：你会观察到要想让塑料袋上已有的裂口进一步扩张，需要一定的力度才行——这很好！这和饼干盒的包装袋一类的东西相反（见“尖形裂口”，第276页）。

为什么这些塑料袋这么抗撕裂呢？非常简单，因为它们由所谓的韧性聚合物制造而成，这些材料在断裂之前会先拉伸。因此，在拉断材料之前，很多能量会先花在造成不可逆的形变上，有点像拉伸一块口香糖。相反，当盘子掉落、摔碎时，材料破碎，而几乎没有能量被分散到造成形变上去。我们称之为**脆性**断裂。我们旧石器时代的祖先打制的燧石工具也是如此（见“史前的瑰宝”，第268页）。这种类型的断裂常常产生光滑而锋利的棱角。现在看看韧性薄膜的裂口边缘（图2）：与之相反，它呈现出褶皱、卷曲的外形，与甜菜叶或海蛞蝓的外形相同。这三种事物是否拥有某种共性？

不懂几何者禁入

为了剖析产生这种复杂形状的机制，让我们重做厚塑料袋的实验。当我们撕扯韧性塑料袋时，塑料袋在开裂前会大大延伸。也就是说，撕裂的边缘产生了极大的形变，而且是永久形变。相反，不在边缘的部分并没有变形。塑料袋不同部分呈现出不兼容的几何特性。塑料袋边缘强烈拉伸，而内部完好无损，这两种状态怎么共存呢？要么拉伸内部，要么压缩边缘！

2 撕开的塑料膜边缘（上图）呈现出诸多不同大小的起伏：几厘米的大波浪中，我们可以看到几毫米的小波浪，小波浪中又包含了更小的结构（下图）。

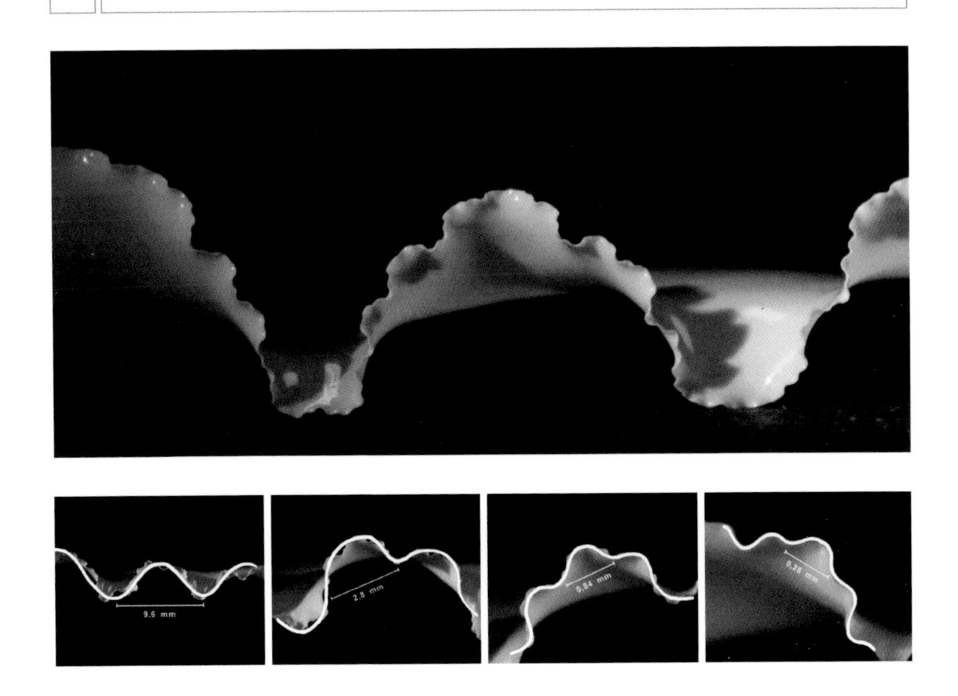

但是，简单的实验证明，压缩一张薄材料，比如纸张，比拉伸它更容易：压缩很快会让材料超过所在平面进行弯曲。这就是塑料袋撕裂的边缘部分那神奇的波浪的来源：长度的不兼容性。

仔细观察，这些波浪还呈现出一种令人惊讶的规则性（图 2）。并非是揉乱纸团的无序状态（见“奇异的纸团”，第 148 页），每条波纹好像是按照波浪的图案描画出来的，在不同尺度上不断重复。从远处看，波浪的整体轮廓让人们想到远海的浪涌，但近距离看的时候，我们会发现这些波浪内部还有波浪，然后更近一些，看到这些小波浪内部更小的波浪。这真让人目眩！数学家称这种俄罗斯套娃式的结构为**分形**结构，也就是同一种形状在不同尺度上不断重复。在撕裂的塑料袋中，我们可以发现有五代波浪：当波浪的大小和塑料膜的厚度相当时，塑料袋边缘会停止弯曲。

管理增长

让我们回到生菜叶和海蛞蝓。它们的边缘相对于内部区域来说怎么变得“过大”呢？非常简单,因为它们是会长大的活生生的生物！奇怪的是，小菜叶或小蛞蝓是相当平滑的，随着它们长大，外形也变得更波浪起伏。因此一切看起来好像是它们的边缘接收到了比中心更快增长的指令。

这个现象在某些花朵绽放之时也会出现，只是没有那么明显（图 3）。百合花的花瓣最初平滑，但花瓣边缘的增长快于沿着主叶脉的增长，从而方便了花瓣的绽放。然后，在绽放的最后几个阶段，出现了波浪。生菜叶边缘精心雕琢的波浪形产生于物理力量的平衡与生物性程序的结合。或者可以说，一个如此简单的指令居然能够产生这样难以置信的复杂形状！

最后，是我们周围“简单”的植物的平叶面，它们虽然寻常，却可以令我们眼前一亮。它们的平面性实际上标志着它们发育时在空间上均匀统一的生长。草编工人非常清楚这点，他们的第一个作品往往是凹凸不平的，令人沮丧，这是因为各点并非匀称分布：制造平面比制造波浪面更

3 百合花瓣的绽放。绽放最后阶段出现的波浪（观察右图花瓣）产生于边缘部分更快速的生长。

难。花瓣生长中如果没有精确控制，是不可能产生平面花瓣的，也就是说需要有类似于我们内分泌系统的调节策略。生物使用的机制很大程度上仍然是个谜。

实验

用一支圆珠笔在厚塑料袋上画下间隔相等的几条平行线，间距几毫米①②。

用剪刀沿中线剪一个口③，然后试着完全沿中线撕扯④。塑料袋的边缘如前文所述呈波浪形起伏。

现在试着用剪刀在撕裂边缘按这些线条剪出平行的细带。然后将其压平在某个透明板中（或玻璃板）。

我们可以认为这些细带其他方面都一样，就只是长度各不相同，越靠近边缘越长⑤。奇怪的是，这些细带被压平的时候自动弯曲。越靠近撕裂边缘，弯曲度越高。这表明细带的一边长于另一边。我们很容易想象这个有不同曲率的表面该有多么复杂。

离撕裂边缘一定的距离之外，细带不再弯曲：这意味着此区域没有因撕裂过程而出现不可逆的形变。

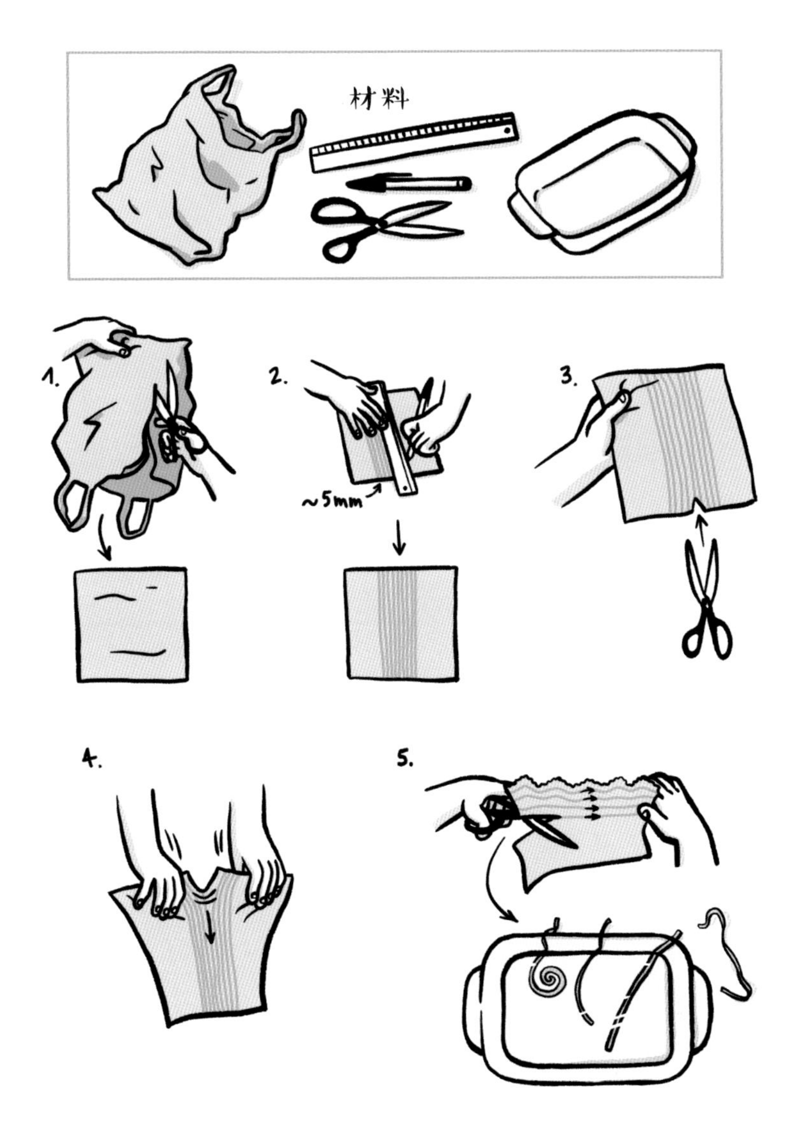
材料
1.
2.
~5mm
3.
4.
5.

意味深长的裂痕

除了研究人员，估计没人对《蒙娜丽莎》只有在显微镜下才能看到的瑕疵感兴趣，《蒙娜丽莎》可是完美的典范啊！有些作品刻意追求裂痕，有些则避之唯恐不及，这些产生于薄薄的固体表层上的裂痕，都是表面或深层张应力的体现。我们可以在出人意料的地方发现裂纹形成的网格，比如城市网络。

只需一个细节就足以明白无误地将其分辨出来……但这也突出了时间的影响：《蒙娜丽莎》画布上的裂痕网络。这种从这幅画诞生之时直到今天逐渐累积的裂痕，其几何性质并非无足轻重。也正是因为这些裂痕的存在，我们可以确认这幅被盗两年之后又在1913年奇迹般出现的画确实是真品！

作品表面的裂纹是宝贵的信息源。最深的裂纹告诉了我们很多关于这

1 《蒙娜丽莎》，多种学科研究的对象，尤其是对于其瑕疵的研究。

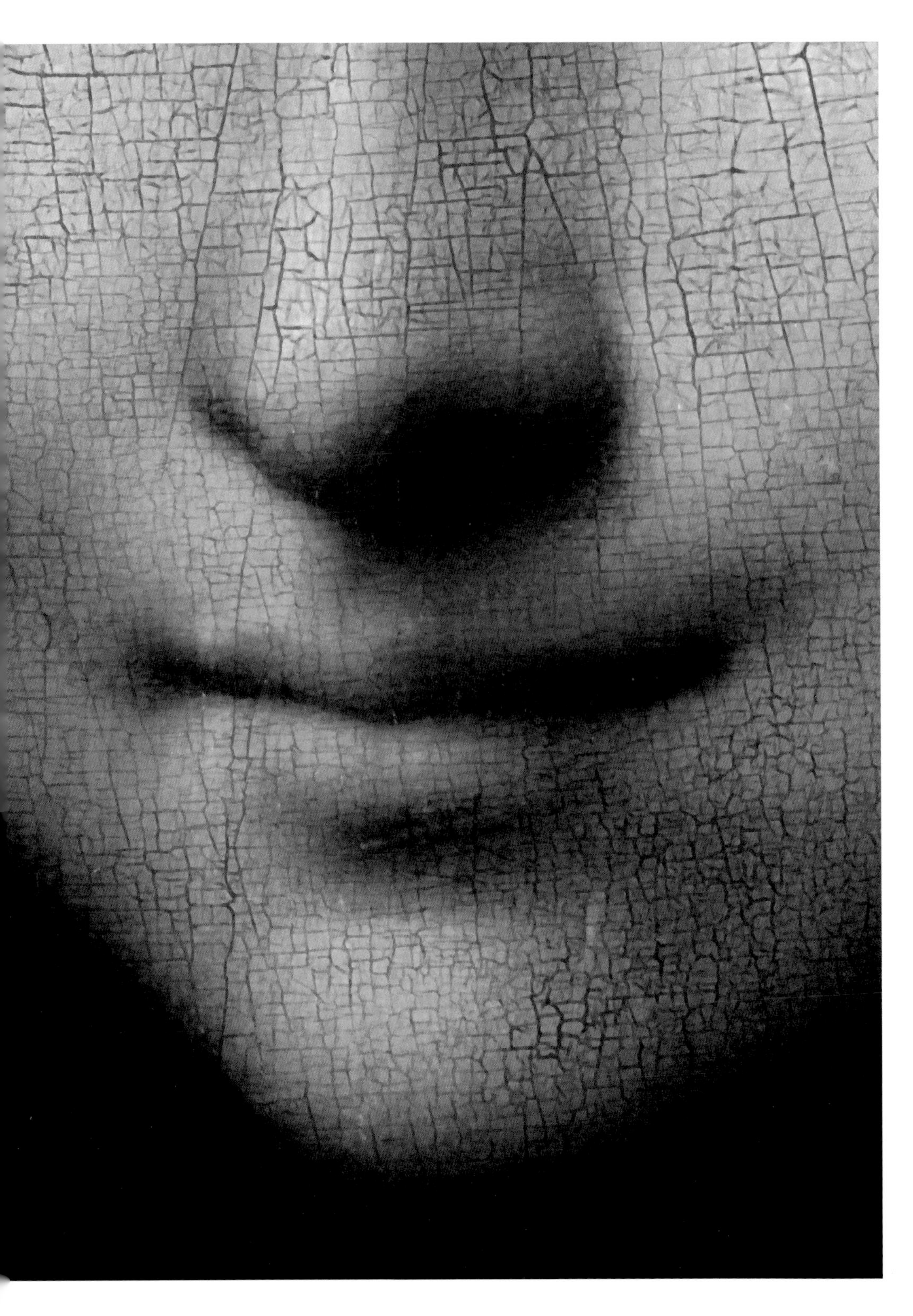

幅画的杨木架如何发生形变的信息，这些深裂痕从画的中心区域展开延伸。除了达·芬奇用来产生朦胧感（我们称之为**晕涂法**）的表面涂层，裂纹网还在画中特定层的中心产生。实际上，油画和清漆的每一层都有自身的裂纹，从而产生了利用特定的光照或医疗成像技术对不同层裂痕的研究。

断裂的解脱功效

但为何这些裂纹是这个形状呢？其外形产生于材料强大的张应力。这些应力从支架传到绘画层，或产生于绘画层的厚度之中。以下是研究员确认出的机制：在干燥时，一部分溶剂蒸发，于是颜料互相靠近，形成固体的膜。颜料膜想要收缩，但受限于颜料附着的画布。绘画层极大的张力造

2 釉面有裂纹的茶杯。我们看到裂纹的网络层级，彼此以直角相交。咖啡中的鞣酸会渗入这些茶杯内部可见的裂纹中，使它们看起来更突出。

成了表面的裂纹或断裂,这反过来释放了膜中的张力。甚至在油画完全干燥、凝固之后，这些裂痕也会在油画的一生中不断出现。但同时也存在诸多外部影响因素:气温和湿度的变化、紫外辐射、空气中的氧、笨手笨脚的操作,甚至细菌……

观察裂纹在极薄的绘画膜上形成的优美图案，你会意识到这些图案无处不在：我们房屋的油漆、我们所生产产品的外漆或太阳能板的保护层。更常见的情况是，它们形成更高级更复杂的网络，相互连通。当张力不大以及几乎没有可以让材料破裂的瑕疵时，我们有时会看到孤立的裂纹。

装饰性裂痕

裂纹具有多样性和审美特点，对于打破平面的单调感也很有效果。因而陶瓷工人会使用一些方法故意制造这样的裂纹，例如这个茶杯（图 2)。先在物体表面上釉；焙烧之后，釉面冷却、硬化、收缩、产生裂纹，发出特有的爆裂声。当裂纹网稳定时，也可以外涂墨汁，墨汁会进入裂缝中。用水冲洗多余的颜料，展示出裂痕的美妙网状层级——你杯子里的咖啡也能做到同样的事情……

一些特定的画作中也应用了相似的物理现象：在第一层颜料上涂上使用另一种溶剂的另一种色彩。在因此产生的裂痕中，下层的色调会透出来。指甲油也会因同样的原理产生直到指尖的裂纹……

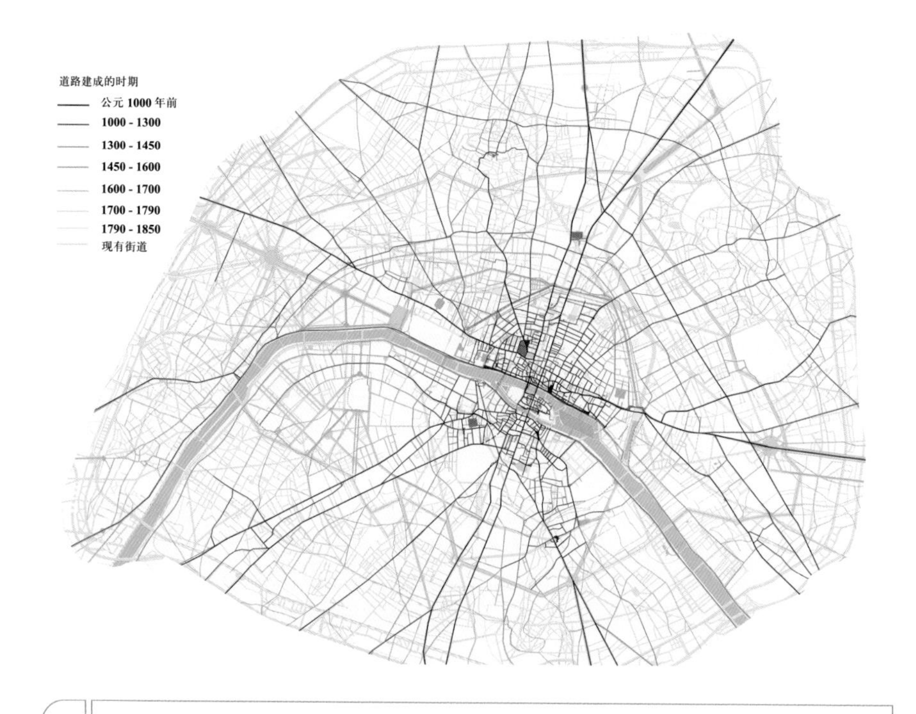

3 巴黎地图，其中最古老的街道用深红色表示，我们注意到这些街道大部分都尚存。至于新街道，它们更进一步划分以前的区域（除了巴黎改造计划造成的干涉，该计划毫不留情地贯通诸多街道，改组城市）。

城市网络中的龟裂土地

当黏土干涸的时候，常常出现裂纹网。土壤颗粒最初具有的水分蒸发，这些颗粒有收缩的趋势。这种收缩受到下层土壤的阻碍，产生了张力：很快第一个裂缝出现了。这个裂缝使得与其垂直方向上的材料得以收缩，而在平行方向上仍存在张力。如果一个新的裂缝靠近现有的裂缝，深入到部分松弛的地带，新裂口会突然改变方向，直到呈直角与现有裂缝相交，并止步于此。实际上，裂纹扩展的方向与产生裂纹张力的方向相垂直。开裂和相连不断出现，产生了一个普遍的特性：裂痕彼此之间几乎以直角相连，不受材料性质和断裂机制的影响。

虽然看起来令人吃惊，这些裂痕的图案并非破裂物体独有的。观察比如巴黎之类的自组织城市的平面图，看看那些没有被诸如奥斯曼（Haussmann）男爵这样的热心规划者染指的区域（图 3）。从历史的角度来看，道路网络是随着对农业区域不断划分而出现的，最初是在市郊，然后农业区域被分得越来越小。在已划分区域上再做直角分割，就可以轻易完成进一步划分，因为这是分割多边形的简单方法。分割线自然而然地变成了新街道。

因此城市网络是历史的产物，也是不可逆的：人们可以通过修建辅路连接到更古老的交通干线上，但很少见到人们让既有道路改道的情况。实际上，人们可能不得不改变一块或几块已被占用的土地、耕地甚至建筑用地。如果在城市建立之时，并没有交通网络规划，那么最后交通网络的形态会与龟裂的图案十分相近。

实验

在厨房里，你就可以轻易地制作裂纹网络。将 100 克的糖和 50 毫升的水混合，放进微波炉中加热，直至呈焦糖色①。将糖浆倒入平底容器中②，然后在平底容器中立即倒入冰水让糖浆冷却③。糖浆层会瞬间形成裂纹④。我们也可以听到新裂纹产生时的爆裂音。

第二个实验（下图）会用玉米粉制作多重裂纹。在玉米粉中加水，然后在盘子中晾干。调整水和玉米粉的比例，可以得到糊状物。如果玉米糊很薄（约 1 毫米），你会看到有层级的裂纹网，其图案与陶器或古画上的裂纹相似。相反，如果玉米糊较厚——而且如果你足够耐心——你会看到玉米糊表面形成小而垂直的周期性圆柱（下图），这让人想起北爱尔兰巨人堤道的玄武岩柱。但这又是另一个故事了！

4 这层几厘米厚的干玉米糊呈现出令人震惊的断裂图案，形成了一些与表面垂直的周期性圆柱。

糖
材料
玉米粉

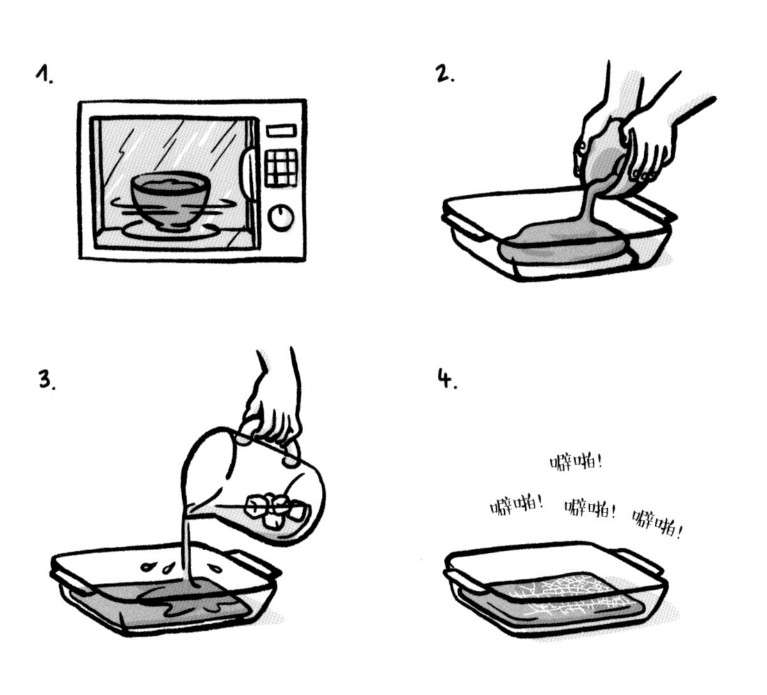
1.
2.
3.
4.
噼啪!
噼啪!
噼啪!
噼啪!

在鸡蛋上行走

为什么很难用手捏爆鸡蛋呢？这是因为蛋壳拱形的几何特性让鸡蛋十分坚固。我们怎么才能完成“在鸡蛋上行走”的挑战？

太可怕了
坚硬的鸡蛋敲碎在锡质柜台上的细小声响；
这个声音太可怕了
当它回荡在饥饿男人的脑海里。

雅克·普雷维尔，《懒觉》，《话语》，1946

在鸡蛋上行走[1]，这个法语中常见的说法有根据吗？或者是否真实可行

1	是否真能在字面意义上在鸡蛋上行走？这张互动展览的海报暗示了这一点，而本书的作者们也参与了这个展览的策划。本章最后的实验会告诉你，是可以的！

① 法语中“在鸡蛋上行走”相当于中文中的“如履薄冰”。

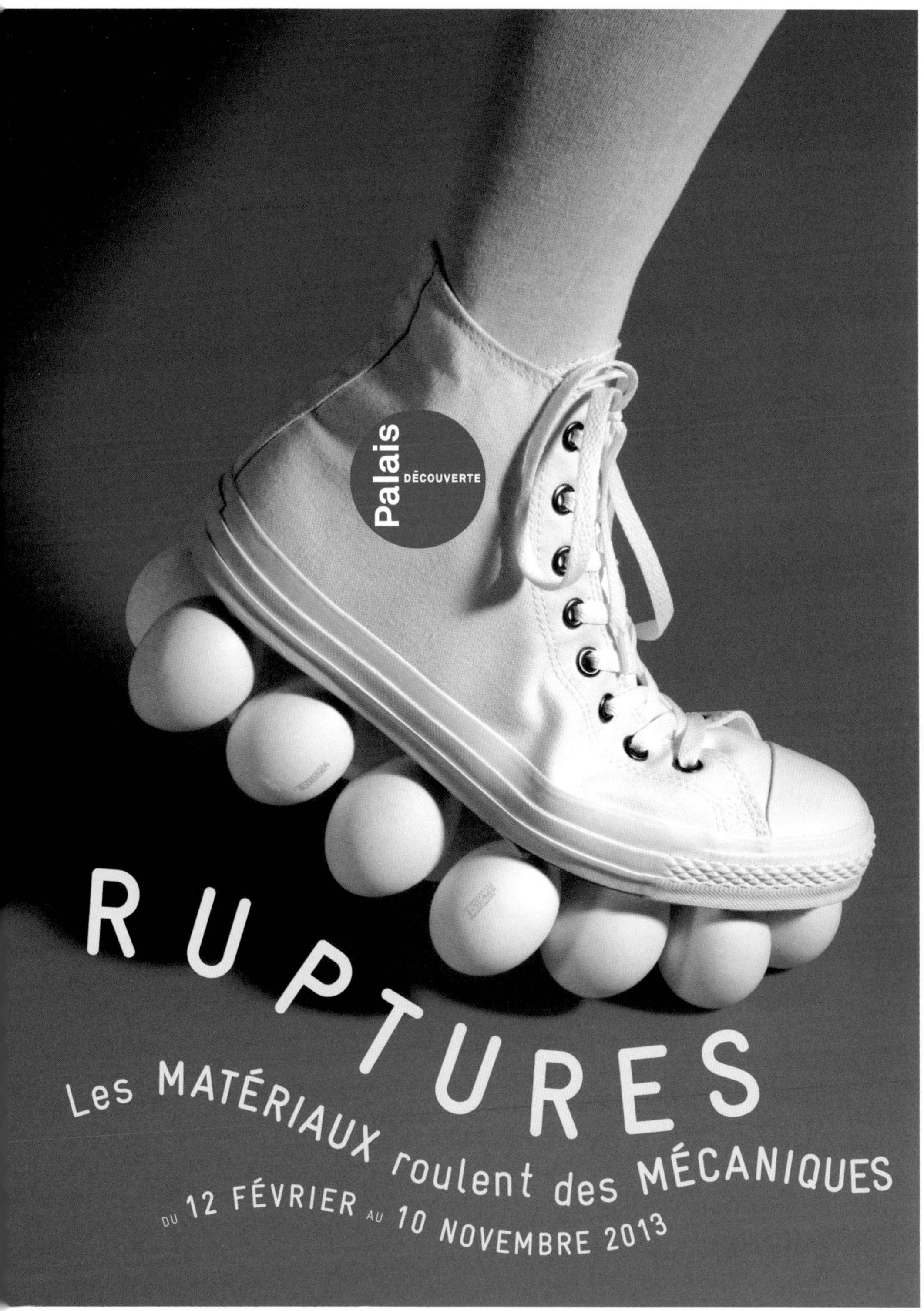

Palais DÉCOUVERTE

RUPTURES

Les MATÉRIAUX roulent des MÉCANIQUES

DU 12 FÉVRIER AU 10 NOVEMBRE 2013

呢？临近复活节时，人们常常花样百出地装饰出引人注目的彩蛋。这也是个感受鸡蛋蛋壳坚固程度的机会。在希腊，以及其他有东正教传统的国家里，有个习俗十分残忍，因为人们会……斗蛋！人们会在家庭聚餐时进行这种比赛，用煮鸡蛋来斗。每个人拿自己的鸡蛋击打邻座的鸡蛋，由于两个蛋中通常只有一个会碎，鸡蛋完好无损的人被视为胜者。如果你是个好战的人，你会知道击碎鸡蛋尖头比击碎鸡蛋圆头更难。也就是说，事实证明鸡蛋的两侧是最容易被击碎的地方。蛋壳抗变形的能力来自哪里？部分答案可以在其弯曲度中找到。

拱的作用

当鸡蛋受压时，它弯曲的形状——和拱一样——会将压力分散到整个蛋壳上。在建筑上，这个原则用于建造能够支撑重负荷的拱顶（见“优雅的石拱”，第 74 页）。因而如果我们只是用手沿鸡蛋的轴线去捏，很难将其捏爆。同样，在厨房里我们打破鸡蛋时不仅要敲侧面，而且还要磕在碗边（或者用勺子击碎水煮蛋），将力集中在某个小区域，产生局部强应力，使蛋壳破碎。

为了理解蛋壳的坚固，麻省理工学院的研究员们用弹性材料做成了基础直径和厚度一样的椭球，但顶部的弯曲度不同（图 2）。我们自己也可以做出这种中空蛋壳，将融化的巧克力浆放在椭圆形固体表面，就像鸡蛋那样：液体会在固体表面延展，最后冷却形成厚度一致的固体蛋壳。

研究员们通过按压这些奇怪的塑料蛋壳顶部观察到，弯曲度最高的蛋壳最坚硬。根源是蛋壳的三维特性。球形蛋壳在任何方向都是弯曲的，这

2	一个鸡蛋，边上是数个弯曲度逐渐下降的弹性材料蛋壳，厚度一样，基础直径一致。尖的蛋壳比平的更抗压。

和圆柱不同。按压鸡蛋时，我们迫使这些曲面接近平面。但正如地图绘制者所知，不可能将地球压平而得到陆地没有变形的地图（见“打褶师和裁缝：立体界的大师”，第128页）。因此我们压平局部呈球形的蛋壳，并不仅仅是改变其弯曲度；同时我们也迫使蛋壳在它自己的平面上延伸。蛋壳的弯曲度越高，压平它就需要以越大的弹性能为代价。所有的薄物体都容易弯曲，但要将它们拉伸就难得多了。这也就是为何鸡蛋的侧面比尖端更容易碎。

设想用圆柱形鸡蛋重做这个实验。形变产生的弯曲度变化并不需要拉伸，相对容易。结论是：圆柱形鸡蛋更容易破碎！

倒转的蛋壳

我们可以通过在弹性模型上不断施压来理解按压蛋壳的时候发生了什么吗？不能，因为弹性模型和真实易碎的蛋壳不同，比起破碎，弹性模型更容易变形。这是我们常常在中空球体上看到的情况，例如乒乓球。当和球拍发生撞击时，乒乓球先被压平，然后被弹向空中，恢复球形。但如果压平的力量太大，或者人们在打球时不小心踩到球，乒乓球的翻转变形就有可能无法逆转。它会呈现凹形，与翻转之前的表面近乎对称（图 3）。

几乎所有的变形都发生在倒转区域边缘的一圈褶皱中。我们有时会注意到白色的破损痕迹。你可以尝试将凹陷的乒乓球放入热水中让它恢复原

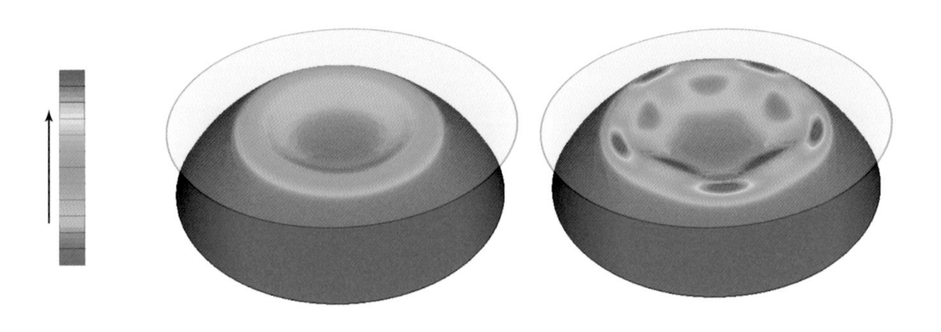

3 数字模拟乒乓球局部受球面平板施压之后的外形。颜色从蓝色到红色表示应力不断增加。很快，我们会看到球面形成下凹（左图）。这块小区域被一层近乎圆形的褶皱包围。增大压力后，圆形变为多边形（右图）。

状。通过加热球内的空气，施加足够的内压让凹陷区域翻转，但事故的痕迹始终存在。

这种球形拱顶与平面的接触普遍存在,曾被物理学家们反复研究。唉!它并不能帮助我们理解鸡蛋是如何被大力压碎的。在希腊的斗蛋游戏中，参赛者须将自己的鸡蛋压在邻座的鸡蛋上，那么弯曲度最高的蛋壳就是最坚固的吗？当然，在最初，弯曲度高的鸡蛋比其竞争对手受压变形小。但在这个初始接触的阶段,无论弯曲度如何,内部力量实际上是相近的。因此，与外形无关，最先缴械投降的是更易碎的材料。不过也很有可能，在挤压的后期阶段才出现破碎。这个科学问题仍没有确切的答案。

因此，虽然我们十分理解是什么在限制弹性材料制成的弧形蛋壳的形变，但预测斗蛋中谁输谁赢就没那么容易了……

实验

蛋壳呈现出令人吃惊的抗压能力——很幸运，不然鸡蛋在母鸡孵化之时就碎了……为了测试鸡蛋的抗性，拿两纸盒鸡蛋，每盒六个，确认鸡蛋完好无损。你的挑战是：在鸡蛋上行走而不压碎它们！

为了实现这项丰功伟绩，小心地将你的脚直接放在鸡蛋上，或在鸡蛋上先放置薄板，再将脚放在薄板上。需要提醒你的是，注意用塑料袋包裹鸡蛋，避免意外产生的损伤。微弱的剪力或位置不正有可能是致命的！目前的记录是一只鸡蛋在破碎之前可以承受 100 千克的重量……

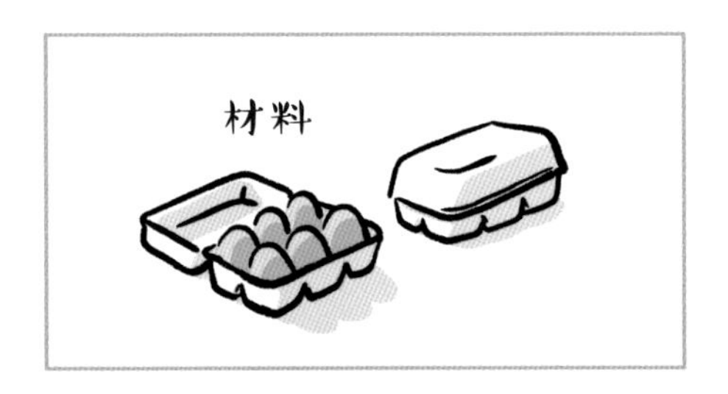
材料

玻璃之泪

弹性、坚硬和脆性：玻璃呈现出的各种特性有时看起来并不总能兼容，蕴藏着意想不到的惊喜……

夹层玻璃窗上出现星星状辐射的结构通常意味着遭到了打砸，但也有人能从这些无法预料的无序裂痕中发现美（图 1）。这种美并没有逃过马塞尔·杜尚（Marcel Duchamp）的眼睛，当他的著名作品《新娘甚至被光棍们扒光了衣服》中的玻璃意外地产生了裂纹，他马上赞扬了这个意料之外的偶然造物，并将这个作品重新命名为《大玻璃》。

最让我们印象深刻的大概是玻璃的脆性，正如玻璃之泪完美诠释的一样（图 2）。和玻璃弹珠不同（见“各种形态的玻璃”，第 202 页），这些令人心动的泪滴尾部又长又细，好像被永远地凝固了。这是将一长条加热的

1　重 4 千克的球以 4 米 / 秒的速度撞击夹层玻璃后形成的裂纹。裂痕的多样性显示出玻璃的内应力。夹层玻璃的中间层避免了裂口的扩散。

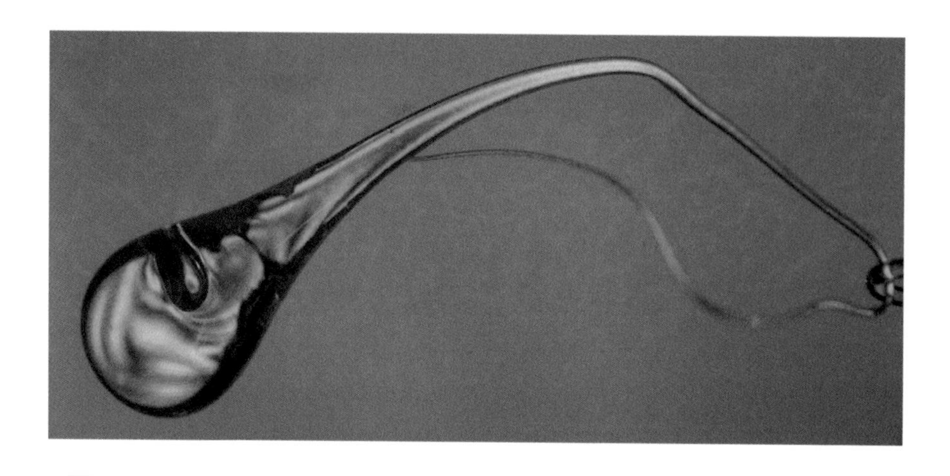

2 通过吹管加热玻璃，我们得到一滴玻璃液，它流动时就会拉长。一滴水会很快形成球形，与之不同，玻璃滴会保持眼泪的形状。将其快速放入水中，玻璃滴会凝固。在交叉偏光镜中观察，会发现奇妙的色彩，这是玻璃滴内部应力的标志。

熔融玻璃滴入盛有冷水的容器中所得。因其独特的外形、透明度及偶然的染色，玻璃之泪一直以来都令人着迷。它也拥有一种令人吃惊的特性，在工业中有诸多应用：虽然看起来很纤弱，但它可以经受得住锤子的大力敲击！

玻璃之泪的致命要害

人们认为第一个描述玻璃滴力学特征的人是罗伯特·胡克（见“大链条与小项链”，第 66 页），当时称为白答维泪滴或“鲁珀特（Rupert）亲王之泪”。还有更让你吃惊的：虽然玻璃之泪非常坚硬，但只要小心地打碎（用打破装药的安瓿瓶的方式）纤细的尾部，就可以看到裂纹在万分之一秒内扩散至整个玻璃之泪上，它会很快变成玻璃粉末。为什么它会这么破碎呢？这种奇怪的现象来自熔化的玻璃滴突然入水冷却的过程。这使得玻璃滴的表面和核部产生内应力。细长的部分是它的致命要害：打碎细长的尾部会使得材料核部的拉应力通过裂痕释放。玻璃逐渐破碎，直到整个玻璃之泪永远解体……

这个奇特的实验也许看起来无足轻重，但它背后的力学原理至今仍在玻璃工业中广泛用于制造强度极高的**钢化玻璃**。当熔化的玻璃最终成形后，首先加热到差不多700℃的温度，即接近其软化的温度，再用冷气流急速冷却。材料的表面会迅速固化，形成比仍处于液态的核部更固态、更有弹性的外壳。当轮到核部在室温下从700℃的糊状变成固态玻璃时，玻璃内部会以百分之几的比例收缩，对已凝固的外壳产生拉力。玻璃整体因此具有极强的内应力：表面受到压力而核心位置受到拉力。这使得材料整体保持受力为零的平衡。

内应力如何让钢化玻璃更坚固呢？直觉上，我们会认为内应力让玻璃更脆。为了理解这件事，需要说回普通玻璃板是如何断裂的。断裂来自初始瑕疵裂口的扩展，大部分情况是表面的划痕：玻璃工因而用金刚石先划出痕，再切割玻璃。相反，钢化玻璃的表面一开始就具有压力，使其能够再让裂缝闭合。为了战胜这种压力，需要更强的力量。但材料的内部受拉力，如果裂缝延伸到内部，就只有断裂的份儿了……不过，因为钢化玻璃的受压外壳可以抵御外部入侵，所以这种玻璃在断裂前可以承受粗暴的重创！

多莱斯，餐厅之王

多莱斯（Duralex）玻璃于1939年诞生。虽没有装点鲁珀特亲王餐桌的餐具优雅，但多莱斯玻璃餐具却是法国餐厅绕不开的餐具。其底部铭刻着模具编号，孩子们想象着能在其中找到自己的年龄，但它之所以知名不止因为这一点。这种日用玻璃毫无争议的成功源于其特殊的抗冲击能力，而这种能力则源于与白答维泪滴相似的淬火程序。

我们都有过这方面的经验：当这种玻璃餐具掉在地上的时候，会弹起来好几次，幸免于难。然而如果从再高一点的地方掉落，就会碎成许多小块，这是淬火时储存在内部的应力释放所致。这是钢化玻璃的另一个优势：诸多小碎块降低了割伤人的风险。但这也是一把双刃剑，因为这使得对这类玻璃进行切割或打孔变得十分困难。实际上，这类操作常常会在瞬间产生细小的会自动扩散的裂痕，让玻璃整个支离破碎。

连通的玻璃

如何让玻璃强度更高呢？我们可以模仿珠母（见“贝壳与千层蛋糕”，第82页）。比如，防弹玻璃由多层玻璃组成，层与层之间是聚合物膜。聚合物的优势是一箭双雕的：既限制了裂纹在夹层玻璃厚度中的扩展，也让玻璃碎片之间保持黏合。夹层玻璃的使用不仅限于汽车的挡风玻璃。你兜里可能就有：手机的触屏就是由夹层玻璃构成的，常常需要经受粗暴的实验测试。珍贵的手机屏破碎时，会呈现出和被打砸的橱窗玻璃同样的星星状辐射裂纹。

光线沿着光纤被集中和引导，就像多彩喷泉（下图），却几乎不会衰减。光纤最开始是一种大众喜爱的装饰材料，而今却有着更重要的应用——并且不可见：长距离传送电信号。这就是施工时路边散放的那些大卷缆线的用途。缆线中是无杂质的非常纯净的玻璃纤维制成的光纤。这种玻璃纤维有包层保护，同时也防止光向外泄漏。这些调制后的光是信息的载体。

当人们摆弄光纤时，它仍保有力学和光学的特性。光纤最怕老鼠。如果你在这种纤维上系一个结，然后拉扯，它非常容易就断裂了。

实验

制造玻璃要 1000℃左右，并不是所有人都有条件制作出玻璃泪。作为替代，你可以试着制作……焦糖泪。在锅底放极少量的水，加热白糖①。当开始出现焦糖色，将糖浆以一条细流倒入盛有冰水的容器中②。你会得到焦糖白答维泪滴，将其立刻从水中取出③。试着打碎它，你会看到它在瞬间崩解，支离破碎。焦糖比起玻璃有个优点：这些焦糖泪很甜，可以吃！

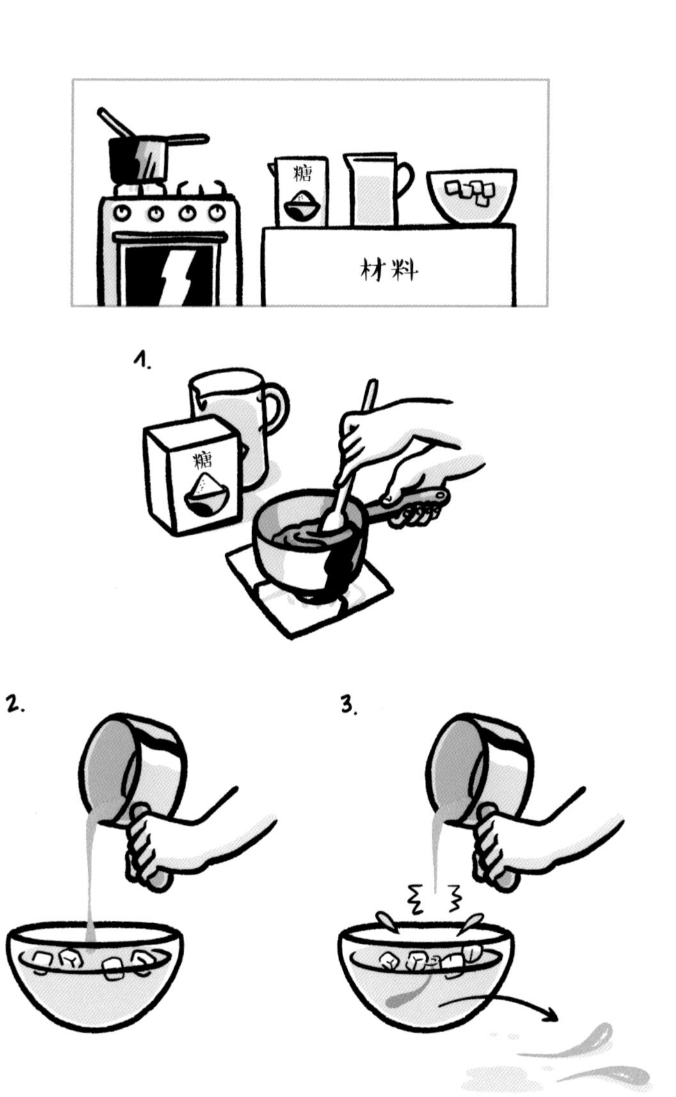
糖
材料
1.
糖
2.
3.

黏着
与滑动相反，指某种材料附着于另一种材料表面的能力，表现为摩擦系数。

附着力
阻止两个接触面分开的力。

热运动
微观粒子自发的活动，用热力学温度 $T=t+273°$ 表示，其中 t 是日常用摄氏度表示的温度。

黏土
土壤中显微级别的矿物（低于 1 微米）。

混凝土
混合的土壤颗粒（以及纤维）通过水泥和水粘连的产物。

毛细现象
用于解释呈现在物质两相（固态、液态、气态）之间的表面张力（或界面张力）。毛细现象产生浸润作用，并与气泡和泡沫的问题相关。

陶瓷
微粒组成的一种物质，微粒之间的内聚力通过加热来获得。

剪力
固态或液态物质发生相对错动，一层滑向另一层的滑动力。液体的抗剪能力取决于其黏度，固体的抗剪能力取决于其弹性模量。

摩擦系数
固体平面置于固定平面之上，摩擦系数即与表面垂直的力和表面摩擦力之比（静摩擦）。当上方物体滑动时，人们则称之为动摩擦系数，它比静态情况下的摩擦系数小。

摩擦学
研究摩擦力的学科。

内聚力
液体或固体中分子或粒子间的相互吸引力。

延性
指材料不可逆地伸长，可能会导致延性断裂。口香糖是典型的延性材料。

脆性
在足够的外力作用下断裂而不是产生不可逆的塑性形变，并且断裂产生得很突然。典型的脆性物体是玻璃。

断裂（延性 / 脆性）
固体构成物之间内聚力的丧失，分突发的断裂和非突发的断裂。

延性状态
应力使材料以不可逆方式变形的状态。

脆性状态
受足够应力的固体突然断裂的状态。

应力
单位面积上的力，与表面垂直的称正应力，相切的称剪应力。

内应力
固体内彼此平衡的内部力量，在断裂时会被释放出来（比如网球拍上的网线）。

曲率
一个表面上的任何曲线都可以在局部调整为圆弧，这个圆半径的倒数就是曲线在此点的曲率。圆的曲率为恒量，而直线的曲率为零。这个概念也可以扩展到面，通过两条正交的“主”弧表示局部弯曲情况。两条弧的曲率符号相同的话表示“凸”，一正一负的话表示“颈”。

高斯曲率
曲面上一点的两个主曲率的乘积，平面、圆锥或圆柱的高斯曲率为零。

平均曲率
平均曲率是曲面上某一点两个主曲率的代数平均值。对于以 R 为直径的球面，平均曲率等于 $2/R$，对于肥皂泡而言，如果各处的压力一样，平均曲率为零（就像悬链面一样）。

可展曲面
不通过拉伸、撕扯或折叠的方式就可以变换到平面的曲面。比如圆柱或圆锥。

变形
指材料内部各部分的相对位移，与材料整体位置的移动无关。

扩散现象
材料的转移现象，转移的流量与区域内材料的浓度差成正比。

硬度
材料局部抵抗硬物压入其固体表面的能力。硬度高的材料（比如钻石）可以划伤硬度相对较低的材料（比如铝）。

细长（几何）
一种几何特性，指在一个维度（如叶片）或两个维度（如棉线）上相对物体的整体尺寸而言很小。

弹性（弹性模量）
材料的一种性质，指施加在材料上的应力与因应力而产生的变形度之比。

挫曲
薄板或杆的横向变形，通常是在受压之后产生（超过阈值）。

挠曲
杆或薄板受横向力之后产生的横向变形，因此产生弯曲度的变化（无阈值）。

分形
具有在不同尺度上形状大致相似的特征的几何形状。布列塔尼的海岸经常被拿来作例子，它在米级和千米级的形状从统计上来说是相同的。

烧结
通过加热或加压将微粒粘连在一起获得固体材料的方式。

凝胶
彼此相连的聚合物链组成的网络，当从粘稠状态（土壤）到固体状态（凝胶）时，其表现会随之发生变化。

液滴和气泡
液滴是液体在另一种流体（气体或不相融的另一种液体）中，因分界面张力而形成的形态。气泡则相反，是液体中的气体。“肥皂泡”某种意义上也是液滴，在液滴中有气泡。这种结构因肥皂膜的表面活性分子而稳定。

微粒
独立的固体材料，足够大，因此不进行热运动（基本上超过 10 微米）。

砂岩
沉积岩，其中的沙粒（二氧化硅）彼此相连。

亲水性
某些物质或化学基团与水亲和的特性，比如非常干净的玻璃板。

疏水性
和亲水性相反（比如平底不粘锅涂层）。

拉普拉斯方程式（杨 - 拉普拉斯方程式）
穿过两种液体或液体和固体之间的界面会有压力差，用表面张力 γ 与表面平均曲率的乘积表示。因此，半径为 R 的水滴内压相比于大气压的压力差是 $2\gamma/R$（肥皂泡压力差是 $4\gamma/R$，因为存在双层分界面）。相反，一层自由的肥皂膜两面受到同样的压力，曲率为零。

润滑
两个固体之间存在气体或液体时的相对滑动，液体或气体扮演着黏结剂的作用。

软物质
不太明确的概念，包括从具有弹性的固体到液体的众多带有流变性的材料。

弯月面
液体与另一种不相融流体之间的弯曲分界液面。

浸润
液体在固体表面伸展的能力。

泡沫
一群气泡聚合的结果。在干泡沫中，存在极其薄的界面膜，气泡形成几何形状明确的网络。

塑性
描述不可逆变形程度随应力增大的情况。

聚合物
由一系列小分子（单体）构成的高分子化合物。

孔隙率
材料中孔隙部分所占比率。它是密实度的反面。

压强
物体所受垂直力与受力面积之比：与法向应力相同。大气压大致相当于 1 千克的物体放在 1 平方厘米上带来的压强。

蛋白质
由氨基酸聚合而成的高分子，出现并活跃在所有生命体中。

网络
由节点相连而成的整体。

肥皂（表面活性剂）
亲水基团为头，脂肪酸疏水基团为尾（亲脂肪）。如此构成的两性分子吸附在分界面，因而降低分界面张力。

溶液
包含溶解态化学物质的液体。

混悬液
包含固体颗粒的液体。人们称一种液体以液滴方式分散在另一种液体中的混合物为乳浊液。

张力（机械）
与物体表面或长度的延长线相切的力（与压力相反）。

表面张力
（分界面）施加于整体自由液面（或分界面）上的力。与表面能和液膜面积（或界面）之比相一致。

织物
易变形的薄层，由彼此交叉的线构成。

玻璃体
非晶固体，高温下为液态，冷却时变为固态即玻璃态。与日常的固体不同，玻璃体在两种状态之间没有清晰的界线。

黏性
液体或气体抵抗低速或小范围相对运动的性质。

参考资料

伟大的建筑师

"History of Strength of Materials", S.P. Timoshenko, Dover Publications (1983)
"The Science of Structures and Materials", J.E. Gordon, Scientific American Library, Times Book (1988)
"Structures: Or Why Things Don't Fall Down" J.E. Gordon, Da Capo Press (2003)
"The Physics of Superheroes: More Heroes! More Villains! More Science! Spectacular Second Edition", J. Kakalios, Avery (2009)
"The New Science of Strong Materials: Or Why You Don't Fall through the Floor" J.E. Gordon, Princeton University Press (2018)
"On Growth and Form" D'Arcy Thompson, Dover Publications (1992)
"On Size and Life", T. McMahon & J.T. Bonner, Scientific American Books, (1983)
"Why size matters: From Bacteria to Blue Whales", J.T. Bonner, Princeton University Press (2011)
"The Eiffel Tower: The Three-Hundred Meter Tower", B. Lemoine, Taschen (2008)

塑造形状

"Patterns in Nature" P.S. Stevens, Little, Brown and Company (1974)
"Patterns in Nature: Why the Natural World Looks the Way It Does", P. Ball, University of Chicago Press (2016)
"The Alchemy of Us, How Humans and Matter Transformed One Another" A. Ramirez, MIT Press (2020)
"Capillarity and wetting phenomena: Drops, Bubbles, Pearls, Waves", P.G. de Gennes, F. Brochard- Wyard & D. Quéré, Springer (2004)
"Uncorked: The Science of Champagne", G. Liger-Belair, Princeton University Press (2013)
"The Curious Life of Robert Hooke: The Man Who Measured London", D. Edge, Harper (2004)
"Biological and Synthetic Hierarchical Composites", E. Baer, A. Hiltner & R.J. Morgan, *Physics Today*, 45, 10, 60 (1992)

织物

"Physics of Textiles", L.R.G. Treloar, *Physics Today*, 30, 12, 23 (1977)
"Spider Silk: Evolution and 400 Million Years of Spinning, Waiting, Snagging, and Mating", L. Brunetta & C.L. Craig, Yale University Press (2010)
"Avian Architecture: How Birds Design, Engineer, and Build", P. Goodfellow, Princeton University Press (2011)

从沙粒到玻璃

"The Atom, A Visual Tour", J. Challoner, MIT Press (2018)
"Built on Sand: The Science of Granular Materials", E. Guyon, J.Y. Delenne & F. Radjai, MIT Press (2020)
"Concrete material science: Past, present, and future innovations", H. Van Damme, *Cement and Concrete Research*, 112, 5 (2018)

活动之物

"The Physics of Sports", M. Lisa, McGraw-Hill Higher Education, 2015
"How a Venus Flytrap Snaps Shut", E. Sohn, Science News for Students, January 28, 2005
"The Physics of violin", L. Cremer, MIT Press, 1984.
"Expert Violinists Bad at Picking Strads", K. Hopkin, *Scientific American*, April 28, 2014.
"Granular Media: Between Fluid and Solid", B. Andreotti, Y. Forterre, O. Pouliquen, Cambridge University Press, 2013.
"What Makes Sand Dunes Sing?", C. Intaglita, *Scientific American*, November 11, 2015.

断裂

"Why things break: Understanding the World By the Way It Comes Apart" M. Eberhart, Three Rivers Press (2003)
"Cracking mud, freezing dirt, and breaking rocks" L. Goehring & S.W. Morris, *Physics Today* 67, 39 (2014)
"Convergent Evolution in Stone-Tool Technology", Edited by Michael J. O'Brien, Briggs Buchanan and Metin I.Eren, MIT Press (2018)

（更多补充资料见 http://blog.espci.fr/merveilleux）

鸣谢

我们首先集体感谢法国巴黎物理与化学工程高等学院非均匀介质物理与机械实验室和研究组的同事们。

我们感谢那些为我们提供材料，帮助我们说明物理学知识的同事，以及给我们带来启发的同事：

Romain Anger, Laetitia Fontaine et Aurélie Vissac (amàco), Arnaud Antkowiak, Basile Audoly, Etienne Barthel, Pierre Bideau, Didier Bouvard, Marie-Ange Bueno, Philippe Claudin, Jérôme Crassous, Jean-Claude Daniel, Michel Darche, Régis Debray, Lucie Domino, Antonin Eddi, Vincent Floderer, Yoël Forterre, Daniel Fruman, Pamela Golbin, Gustavo Gutiérrez, Marie Yvonne Guyon, Xavier Guyon, Jérôme Hoepffner, Antoine Humeau, Véronique Lazarus, Gérard Lognon, Joël Marthelot, Xavier Müller, Xavier Noblin, Pascal Oudet, Guillaume Paoletti, Ludovic Pauchard, Jacques Pélegrin, Pedro Reis, Frédéric Restagno, Mathilde Reyssat, Romain Ricciotti, Benjamin Thiria, Henri Vandamme, Jacques Villeglé, Jeremy Maxwell Wintreberg, Jean-Michel Wierniezky.

我们沿着这条漫长的发现之旅前进，路上偶有陷阱，同时也有我们的友人物理学家 Christian Counillon（Flammarion）相伴：我们十分感谢他。生动形象的插画来自画家纳伊斯·科克之手，她以前是我们实验室的同事，如今是插画师。

如果没有我们家人的耐心和支持，尤其是我们孩子身上的好奇心和科学意识，这本书将无法成型。

P. 6-7 : ©Kenneth M. Highfill/Science Source; p. 9 : ©Sankai/iStock ; p. 12 gauche : ©Oleg Beloborodov/123rf.com ; p. 12 droite : ©Draskovic/iStock ; p. 13 haut : ©David Herraez Calzada/Shutterstock.com ; p. 13 bas : ©Iakov Filimonov/Shutterstock.com ; p. 17 : ©Léonard de Serres/Dist. Centre des monuments nationaux ; p. 20 : ©Fototeca/Leemage ; p. 21 : Collection Bertrand Hodicq ; p. 25 : Photo ©Viacheslav Lopatin/Shutterstock.com ; Œuvre ©TOUR EIFFEL – Illuminations PIERRE BIDEAU ; p. 27 : ©Gusman/Leemage ; p. 29 : Collection particulière ; p. 33 : Photography by Cathy Carver. Hirshhorn Museum and Sculpture Garden, Smithsonian Institution ; Œuvre ©The Estate of Kenneth Snelson ; p. 34 : ©Christopher Frederick Jones/CFJPhotography ; Design : COX Architecture and Arup Engineering ; p. 37 : ©Sadao Hotta ; p. 41 : ©Munich Olympic Stadium ; Photo : Christine Kanstinger, Atelier Frei Otto+ Partner ; p. 42 : ©Universcience ; p. 43 : ©Étienne Reyssat ; p. 45 : ©Michael Foster ; p. 48-49 : ©Pascal Oudet ; p. 51 : ©New York, Metropolitan Museum of Art ; p. 53 : ©Hamid Kellay, université de Bordeaux ; p. 55 : ©Richard Heeks/Caters/Sipa ; p. 56 : ©Adam Filipowicz/Shutterstock.com ; p. 59 : ©JamesAchard/iStock ; p. 61 : ©Étienne Reyssat ; p. 63 : Photo ©DuKai photographer/Moment/Getty Images ; Premier plan : Watercube, project designed by PTW Architects + CSCEC and ARUP. Arrière-plan : project designed by Herzog & de Meuron ; p. 64 : ©Étienne Reyssat ; p. 67 : ©Mariya Sverlova - stock.adobe.com ; p. 69 : ©Rita Greer/Department of Engineering Science, Oxford University ; p. 72 : ©Ekaterina Pokrovsky/Shutterstock.com ; p. 75 : ©Martin M303/Shutterstock.com ; p. 77 : ©Michael Avory/Shutterstock.com ; p. 78 : ©Paul Prescott/Shutterstock.com ; p. 83 : ©Freer - stock.adobe.com ; p. 84 : ©Sylvain Deville. Source : https://figshare.com/articles/Close-up_view_of_the_architecture_of_the_nacre_of_an_abalone_shell/4036089 (https://creativecommons.org/licenses/by/4.0/) ; p. 86 : ©Subiros/Sucré Salé ; p. 90-91 : ©Collection Daniel H. Fruman et Josiane Cougard-Fruman/photo Alain Rousseau. ; p. 93 : ©Taborsky - stock.adobe.com ; p. 94 : ©Arnaud Antkowiak, Institut d'Alembert, Sorbonne Université ; p. 97 : ©Oli Scarff/Getty Images ; p. 101 : ©Ljupco Smokovski/Shutterstock.com ; p. 103 : ©Photo J. Bico, B. Roman (PMMH : ESPCI/CNRS/Paris6/Paris7) ; p. 106 : ©SPL Science Photo Library/Biosphoto ; p. 107 : ©Photo J. Bico, B. Roman (PMMH : ESPCI/CNRS/Paris6/Paris7) ; p. 111 : ©Friedemeier - stock.adobe.com ; p. 113 : ©Agent_22/Shutterstock.com ; p. 116 : ©Eric Sander - Domaine de Chaumont-sur-Loire ; p. 117 : ©Lunamarina - stock.adobe.com ; p. 121 : ©Patronato de Cultura Machupicchu, www.patronatomachupicchu.org ; p. 123 : ©Photo12/Alamy ; p. 125 : ©Belyjmishka - stock.adobe.com ; p. 126 : ©Buckeye Sailboat - stock.adobe.com ; p. 129 : ©Salmakis /Leemage ; p. 130-131 : ©Clément Guillaume ; p. 132 gauche : ©Maniacpixel/Shutterstock.com ; p. 132 centre : ©Mariyana M/Shutterstock.com ; p. 132 droite : ©Vitals/Shutterstock.com ; p. 135 : ©Photo B. Roman (PMMH : ESPCI/CNRS/Paris 6/Paris 7) ; p. 136 : ©Katatonia82/Shutterstock.com ; p. 139 : ©MAD, Paris/Patrick Gries ; p. 141 : ©Musée des arts et métiers-Cnam/photo Michèle Favareille ; p. 145 gauche : ©Instituto Colombiano de Antropología e Historia, Bogotá, Archivo de Objetos Etnograficos, E-62-V-310 ; p. 146 : ©Chuck Rausin/Shutterstock.com ; p. 149 : Photo ©Centre Pompidou, MNAM-CCI, Dist. RMN-Grand Palais/Philippe Migeat ; Œuvre ©Archives Simon Hantaï/Adagp, Paris, 2018 ; p. 151 : ©Prof. Jiaxing Huang, Northwestern University, Evanston, IL USA ; p. 153 : ©Carmine Audoly ; p. 154 : ©Image courtesy of Tomohiro Tachi ; p. 155 : Création Vincent Floderer, Konstanze Breithaupt. Photo Alain Hymon/Crimp ; p. 158-159 : ©Bernardo69/iStock ; p. 161 : ©Wollertz/Shutterstock.com ; p. 163 : ©Photo Pascal BLONDIN (Association Musée du Sable, Les Sables d'Olonne) ; p. 164 : ©Elena Arkadova/Shutterstock.com ; p. 166 : ©Amàco (Atelier matières à construire) ; p. 169 : ©Alessandro Zappalorto/Shutterstock.com ; p. 171-175 : ©Amàco (Atelier matières à construire) ; p. 179 : ©Helovi/iStock ; p. 181 : ©Wu Zhi Qiao (Bridge to China) Charitable Foundation, Professor Mu Jun ; p. 183 : ©EcoPrint/Shutterstock.com ; p. 184 : ©Amàco (Atelier matières à construire) ; p. 187 : ©Sid10 - stock.adobe.com ; p. 190 : ©Architectes Rudy Ricciotti et Roland Carta - Photo Luisa Ricciotti ; p. 191 : ©Bretagne Contrôle par Rayon X ; p. 195 : ©Leclere mdv ; p. 197 : ©Image reproduced from the 'Images of Clay Archive' of the Mineralogical Society of Great Britain & Ireland and The Clay Minerals Society (www.minersoc.org/gallery.php?id=2) ; p. 198 : ©Dr Guillaume LEVEQUE, Société I.CERAM, Limoges ; p. 199 : ©Luis Olmos ; p. 203 : ©Bonottomario/iStock ; p. 205 : Jeremy Maxwell Wintrebert, artisan-souffleur de verre ©Lionel Beylot, 2017 ; p. 206 : ©Hayati Kayhan/Shutterstock.com ; p. 208 : ©HelloRF Zcool/Shutterstock.com ; p. 210-211 : ©Isabelle OHara/Shutterstock.com ; p. 213 : ©Egorov Igor/Shutterstock.com ; p. 215 : ©Malcolm Teasdale/KiwiRail ; p. 217 : ©Claude Poirier et Daniel Bideau, Université Rennes 1 ; p. 219 : Photo ©Laurie CHIARA ; Œuvre ©Edmond Vernassa ; p. 223 : ©Lucy Nicholson/REUTERS ; p. 224 : Collection La Cinémathèque française ; p. 227 : ©Thanakorn Hongphan/Shutterstock.com ; p. 229 : ©Basile Audoly, CNRS/Institut Jean le Rond d'Alembert (Université Pierre et Marie Curie) ; p. 231 : ©Peter Stein/Shutterstock.com ; p. 232-234 : ©Étienne Reyssat ; p. 235 bas : ©ICD University of Stuttgart plan, section et dessin isométrique ©Achim Menges ; p. 239 : ©Coll. GalDoc-Grob/Kharbine-Tapabor ; p. 242 : ©Xavier Noblin et Jacques Dumais ; p. 243 centre : ©Xavier Noblin ; p. 244 : ©Yoël Forterre et Jan Skotheim ; p. 249 : ©Furtseff/Shutterstock.com ; p. 251 : ©Coen Engelhard (fabrication archet et photo) www.renaissanceviolbows.com ; p. 252 : ©Armel Descamps-Mandine ; p. 255 : ©Shooter Bob Square Lenses/Shutterstock.com ; p. 259 : ©Guy Durand, Courtesy : Galerie La Forest Divonne/Paris ; p. 261 : ©Courtesy of Alexey Sergeev ; p. 262 : ©Photo12/Alamy ; p. 263 : ©NASA/JPL/University of Arizona ; p. 266-267 : ©GIGASHOTS/Shutterstock.com ; p. 269 : ©Didier Descouens, Creative Commons Attribution-Share Alike 3.0 Unported ; p. 271 : Dessins de Michèle Reduron-Ballinger in M.-L. Inizan, M. Reduron-Ballinger, H. Roche, J. Tixier, 1995 - Technologie de la pierre taillée, suivi par un vocabulaire multilingue allemand, anglais, arabe, espagnol, français, grec, italien, portugais. Meudon, CREP ; p. 273 : ©Nucléus « Livre de beurre » et lame de silex, vers 2500 av. J.-C , Abilly (37), Musée de Préhistoire du Grand-Pressigny. Cliché : H. Maertens/CD37 ; p. 274 : ©Ikonacolor/Shutterstock.com ; p. 277 : Photo ©Jacques Villeglé ; Œuvre ©Adagp, Paris, 2018 ; p. 278 : ©Charlotte Lake/123rf.com ; p. 281 : ©Prof. Graham Cross, Trinity College Dublin ; p. 285 : ©Christian Ziegler/ Minden Pictures; p. 287 haut : ©Étienne Guyon d'après photo de B. Roman (PMMH : ESPCI/CNRS/Paris6/Paris7) ; p. 287 bas : ©B. Roman (PMMH : ESPCI/CNRS/Paris 6/Paris 7) ; p. 289 : ©Alexander Sviridov/Shutterstock.com ; p. 293 : ©Electa/Leemage ; p. 294 : ©Mathilde Reyssat ; p. 296 : ©Michel Huard, http://parisatlas-historique.fr/ ; p. 298 : ©Lucas Goehring, and S. W. Morris, Europhysics Letters, 69, 739 (2005) ; p. 301 : ©Michal Batory ; p. 303 : ©A. Lazarus, D. Terwagne et P.M. Reis (MIT) ; p. 304 : ©Courtesy of Dr. Ashkan Vaziri, Northeastern University, Boston, MA 02115 USA ; p. 309 : Photo Richard Villey ©Saint-Gobain ; p. 310 : ©Étienne Reyssat. Réalisation : Jean-Michel Wierniezky ; p. 313 : ©Nutdanai Apikhomboonwaroot /123RF.

图书在版编目（CIP）数据

优雅的物理 /（法）艾蒂安·居永等著；（法）纳伊斯·科克绘；张诗若译. -- 海口：南海出版公司，2022.5
ISBN 978-7-5442-6928-5

Ⅰ. ①优… Ⅱ. ①艾… ②纳… ③张… Ⅲ. ①物理学－普及读物 Ⅳ. ①O4-49

中国版本图书馆CIP数据核字（2021）第199374号

著作权合同登记号　图字：30-2021-114

优雅的物理

〔法〕艾蒂安·居永〔法〕若泽·比科
〔法〕艾蒂安·雷加〔法〕伯努瓦·罗曼 著
〔法〕纳伊斯·科克　绘
张诗若　译

出　　版　南海出版公司　（0898）66568511
　　　　　海口市海秀中路51号星华大厦五楼　邮编 570206
发　　行　新经典发行有限公司
　　　　　电话（010）68423599　邮箱 editor@readinglife.com
经　　销　新华书店

责任编辑　黄宁群
特邀编辑　白　雪　孙　腾
营销编辑　刘治禹　郝薛少博
装帧设计　李照祥
内文制作　田小波

印　　刷　北京奇良海德印刷股份有限公司
开　　本　710毫米×980毫米　1/16
印　　张　20
字　　数　200千
印　　数　20001-25000
版　　次　2022年5月第1版
印　　次　2023年6月第4次印刷
书　　号　ISBN 978-7-5442-6928-5
定　　价　88.00元